U0021246

訂閱經濟

一場商業模式的全新變革

安福雙　編著

作 者 序

　　本書討論的是以網飛（Netflix）等知名企業為代表的訂閱經濟，讀者可以通過本書瞭解其與報紙訂閱等傳統訂閱模式的區別。

　　在我們的生活中，訂閱無處不在。試想這樣一個場景：在手機上看完訂閱的新聞後，你進入廚房，打開今天的食材訂閱盒，準備一份蝦燴飯，然後打開騰訊視頻，用訂閱會員的身份看最新上映的電影。或許你沒有注意到，自己已經完全陷入訂閱模式。

　　自網飛崛起以來，各行各業都在採用訂閱模式，因此，筆者有意對這種在網際網路、大數據、人工智慧環境下產生的新商業模式進行梳理：為什麼訂閱經濟會快速崛起？其背後有哪些推動力量？怎樣打造一個訂閱企業？
本書力圖做到以下幾點。

　　（1）堅持用資料「說話」，而不只進行邏輯推演和純文字表述。

　　（2）儘量視覺化，資料用圖表呈現，商業模型、邏輯推演等用圖片進行直觀表達，從而使內容更加清晰，更便於讀者朋友閱讀。

　　（3）增加案例和故事。對商業模式的思考是嚴肅和深刻的，而案例和故事可以使閱讀過程更加輕鬆、愉悅。

　　（4）儘量「接地氣」，將深刻的道理淺顯直白地表達出來。

　　（5）基於客觀立場。一個新的商業模式不應該被無限制地吹噓和誇大。訂閱經濟是有其內在缺點的，也有特定的適用場景，並不是無所不能的。

　　（6）本土化。書內有很多中國案例，本土化的案例能帶來更多啟發。

　　希望本書能讓讀者朋友們擁有輕鬆愉悅的閱讀體驗，同時能夠受到啟發、有所收穫。

　　　　來吧，讓我們一起開啟訂閱之旅！

安福雙

目　錄

中篇　洞見：變革正在發生

下篇　實踐：訂閱轉型指南

上　篇

趨勢：全球訂閱浪潮來襲

從英國、美國、中國到越南，從服裝、啤酒行業到化妝品、線上音樂、農機行業，幾乎每個國家的各行各業都有採用訂閱模式的企業。

祖睿（Zuora）是美國一家訂閱計費與支付解決方案廠商。祖睿每年都會編制一個訂閱經濟指數，該指數基於祖睿服務過的諸多訂閱企業在祖睿平台上的各種資料，能夠反映全球數百家訂閱企業的增長情況，覆蓋軟體、物聯網、媒體、電信等多個行業。

根據祖睿在 2019 年 3 月發佈的《訂閱經濟指數報告》，2012—2018 年訂閱經濟指數如圖 1 所示。訂閱經濟從 2012 年開始飛速發展，在之後的幾年時間裡，訂閱經濟指數（SEI）遠高於美國零售指數和標準普爾 500 銷售指數。

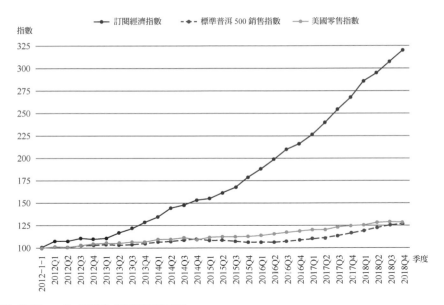

資料來源：祖睿於 2019 年 3 月發佈的《訂閱經濟指數報告》。

圖 1　2012—2018 年訂閱經濟指數

從全球來看，2019 年，歐洲訂閱經濟的發展已經超過了北美。歐洲的訂閱經濟指數是 187，北美則是 171。2016—2018 年，歐洲訂閱企業複合年均成長率達到 25.6%，年均增長率為 23%，比美國高很多。

亞洲訂閱經濟指數目前的涵蓋範圍比較有限，只涵蓋了澳大利亞、紐西蘭、日本等的訂閱企業。相對於全球訂閱經濟指數，亞洲訂閱經濟指數增長較慢。亞洲訂閱經濟指數從 2018 年年初的 100 增長到 2018 年年底的 116，增長率達

到 16%。亞洲訂閱經濟指數是澳大利亞標準普爾 200 銷售指數的 10 倍、紐西蘭 NZX-50 銷售指數的 4 倍、日經銷售指數的 2.5 倍。

知名資訊科技調研機構高德納（Gartner）預測，到 2023 年，75% 的企業會提供訂閱服務。

訂閱經濟正處於蓬勃發展階段。2011—2016 年，訂閱經濟市場規模從 5,700 萬美元增長到 26 億美元，年均增長率超過 100%。截至 2019 年 3 月，全球已經有超過 28,000 家企業提供訂閱產品或服務。

第 *1* 章

這些行業都在嘗試訂閱模式

1.1 影音平台

1．概述

在影音平台領域，網飛是應用會員訂閱模式最早、最徹底、最成功的企業，已躋身世界十大網際網路公司之列。網飛還是波士頓諮詢公司評選出的 2018 年全球最具創新力企業之一，2018 年全球最具創新力企業如表 1-1-1 所示。

表 1-1-1 2018 年全球最具創新力企業

排　名	企　業	排　名	企　業
1	蘋果	11	Airbnb
2	谷歌	12	SpaceX
3	微軟	13	網飛
4	亞馬遜	14	騰訊
5	三星	15	惠普
6	特斯拉	16	思科
7	臉書	17	豐田
8	IBM	18	通用電氣
9	網約車 Uber	19	柳丁電信
10	阿里巴巴	20	萬豪國際

亞馬遜於 2016 年 4 月在美國推出獨立的 Prime Video 影音串流媒體服務。根據 Strategy Analytics 的資料，Prime Video 已成為繼網飛之後的美國第二大影音串

串流媒體服務商，在不包含原有亞馬遜 Prime 服務使用者份額的情況下，Prime Video 的市場佔有率為 25%，遠高於第三位 Hulu 串流影音服務的 13%。

傳統採用廣告模式的影音網站也紛紛轉型會員訂閱模式。Hulu 在 2010 年正式推出訂閱服務 Hulu Plus；2016 年 8 月，其宣佈終止免費收看模式，把免費業務授權給 Yahoo View 播出。YouTube 也於 2015 年 10 月推出 YouTube Red 付費訂購服務。

會員付費也成為中國影音平台行業的發展重點，其在 2016 年的發展更是突飛猛進。根據藝恩的數據，2016 年，中國有效影片付費使用者規模達 7,500 萬人，增速為 241%，中國成為繼北美、歐洲之後的全球第三大視頻付費市場。其中，樂視、愛奇藝、騰訊視頻的付費會員數量均在 2016 年突破 2,000 萬人。2019 年，騰訊視頻付費會員數量增長至 1.06 億人，愛奇藝付費會員數量達到 1.07 億人。根據《2019 中國網路視頻精品發展研究報告》，中國網路影音內容使用者規模已達 6.12 億人，網路視頻付費使用者規模達到 3.4 億人，付費訂閱收入占影音網站總收入的 34.5%。

2・案例：網飛

網飛成立於 1997 年，其在成立之初是一家線上影片租賃提供商。網飛通過「線上選擇付費＋線下實體租賃」的 O2O 租賃服務模式，成功顛覆了傳統實體 DVD 出租店的模式，並於 2002 年在美國納斯達克上市。2018 年 5 月 24 日，網飛市值超過老牌有線電視康卡斯特（CMCSA）。同年 5 月 25 日，網飛市值超越迪士尼（Disney），達到 1609 億美元，成為全球最具價值的媒體公司。

2005 年，美國線上影音平台服務商 YouTube 成立，隨後成為全球線上視頻市場佔有率最高的網站。感受到線上影音內容服務提供者的崛起所帶來的競爭與危機，網飛在 2007 年推出基於付費訂閱模式的視頻串流媒體業務。2007—2010 年，訂購網飛串流媒體服務的美國使用者平均每年增加 240 萬人；2010 年，在網飛推行全球化戰略後，其全球用戶平均每年增加 700 萬人。2011 年，網飛將公司業務拆分為兩個版塊：串流媒體訂閱服務、DVD 租賃服務。隨著技術的發展，網飛逐漸將經營重心轉到串流媒體訂閱上。網飛的商業模式如圖 1-1-1 所示。

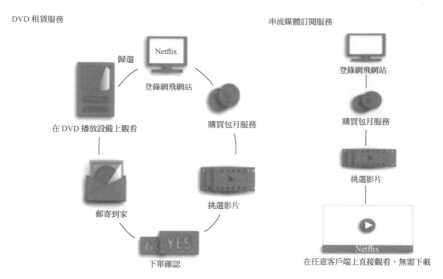

圖 1-1-1 網飛的商業模式

　　網飛的商業模式轉型使其大獲成功，網飛成為全美串流媒體用戶數量最多和全球付費使用者規模最大的影音內容網站。與眾多持續投入但難以盈利的影音內容網站不同，網飛已連續多年實現盈利。2017 財年，網飛的營業收入達 116.93 億美元，同比增速達 32.41%，淨利潤達 5.97 億美元，同比增速達 219.74%。2018 財年，網飛的營業收入達到 158 億美元，同比增長 35%，淨利潤達到 12.11 億美元，付費會員數量達到 1.39 億人，新增付費會員 2,900 萬人。此外，網飛還加入了美國電影協會，成為好萊塢第七大電影製片公司。

　　2019 年第三季度，網飛在全球 190 多個國家擁有超過 1.64 億會員（其中，美國付費用戶和國際付費用戶基本各占一半），會員每天享受超過 1.4 億小時的節目，包括原創劇集、電影、紀錄片和專題片等。龐大的會員規模是網飛收入增長的重要基礎。網飛自 2007 年開始涉足串流媒體領域，到 2020 年年初，其公司市值已超過 1,855 億美元。

　　網飛主要採用的是會員月費的付費模式，從單一收費模式逐漸過渡到層列式收費模式，提供更加多元化的會員套餐。2020 年的付費基準是 8.99 美元 / 月，用戶可在 2 台終端設備上使用帳號，這相對於每戶 50 美元的有線電視費用很有吸引力。網飛影音內容平台彙聚了海量的影片內容，使用者可挑選自己喜歡的影

片，然後進行付費觀看；其展示介面友好且全程無廣告，使用者可隨時看、隨處看。另外，網飛還結合基於大資料演算法分析的推薦引擎深耕用戶習慣需求，以提高視頻的推薦成功率及降低營運成本。

在 2014 年之前，網飛的訂閱價格如表 1-1-2 所示。

表 1-1-2　網飛的訂閱價格

時　　間	形　　式	套餐價格（美元 / 月）	備　　注
2013 年之前	串流媒體訂閱 +DVD 租賃	9.99	兩大業務捆綁銷售
2013 年	串流媒體視頻 1	6.99	可滿足 1 台設備的使用需求
	串流媒體視頻 2	7.99	可滿足 2 台設備的使用需求
2014 年 5 月	串流媒體視頻 1	7.99	可滿足 1 台設備的使用需求
	串流媒體視頻 2	8.99	可滿足 2 台設備的使用需求
2014 年 10 月	4K 超高清視頻、家庭套餐	11.99	可與好友、家人共用，可同時滿足 4 台設備的使用需求

資料來源：招商證券（2014 年受《紙牌屋》熱播驅動，漲價 1 美元 / 月）。

網飛的會員忠誠度很高，在提高月費的情況下，會員的訂閱熱情不減。自製優質內容提升了網飛的定價能力及訂閱用戶的忠誠度。網飛套餐收費標準在 2014 年、2015 年和 2017 年進行了三次上調，第二類標準套餐（雙屏高清）的月費從最初的 7.99 美元上漲至 10.99 美元，而會員數量依然維持正增長。網飛會員數量變化如圖 1-1-2 所示。在月費增長和會員數量增長的共同作用下，網飛的營業收入快速增長。

資料來源：Bloomberg、招商證券。

圖 1-1-2　網飛會員數量變化

　　會員數量與營業收入、股價的正相關性顯著。根據歷史資料，網飛會員數量與營業收入同步增長：網飛會員數量從 2010 年第一季度的 0.14 億人增長至 2018 年第一季度的 1.25 億人，營業收入從 2010 年第一季度的 4.94 億美元增長至 2018 年第一季度的 37.01 億美元。剔除拆股、派息等特殊因素的影響，網飛的會員數量與前復權後的股價也同步增長：網飛股價從 2010 年第一季度的 10.53 美元增長至 2018 第一季度的 295.35 美元，年均複合增長率為 10.98%。

　　在網飛大獲成功後，傳統的有線電視、科技巨頭紛紛模仿其訂閱模式，引發了影音訂閱大戰。訂閱模式逐步從小眾模式變為主流模式。美國採取訂閱模式的主要影音內容網站如表 1-1-3 所示。

表 1-1-3　美國採取訂閱模式的主要影音內容網站

類　型	影音視頻網站	所屬公司	訂閱價格（美元／月）	訂閱人數（萬人）
網際網路公司	Netflix	網飛	7.99（基礎會員） 10.99（標準會員） 13.99（高級會員）	16400
	Prime Video	亞馬遜	8.99（基礎會員） 12.99（高級會員）	2600
	YouTube Red	谷歌	9.99	150
有線電視和通信公司	HBO Now、HBO Go	HBO	14.99	500
	CBS All Access	CBS	5.99	200
	Xfinity	康卡斯特	4.99	—
	DirecTV Now	AT&T	35（基礎會員） 50（標準會員）	—
文化娛樂公司	Hulu	迪士尼	7.99（基礎會員） 11.99（標準會員） 39.99（高級會員）	1700
	Acom TV	RIj 娛樂	4.99	—

　　美國影音內容訂閱收入的增長非常明顯。Statista 預計，2020 年，美國影音訂閱收入將達到 103.6 億美元，而美國每日電視觀看時長和有線電視用戶數量近年來的萎縮跡象明顯，影音內容領域的訂閱時代已經到來。

在網飛等國外影音內容訂閱網站的影響下，中國的影音內容網站也開始從「免費＋廣告」的模式逐步向付費訂閱的方向發展，騰訊視頻、愛奇藝、優酷等都推出了會員訂閱計畫。

1.2 音樂

1・概述

音樂串流媒體是會員付費應用最成熟的領域之一，其競爭也十分激烈，以聲田（Spotify）和 Apple Music 為代表。聲田成立於 2006 年，是全球最大的音樂串流媒體服務商，其月活躍用戶超過 1 億人，月付費訂閱用戶達 4,000 萬人。依賴終端設備優勢，蘋果公司於 2015 年 6 月在 110 個國家和地區推出音樂串流媒體服務——Apple Music，僅用了一年半的時間，其付費訂閱用戶就突破 2000 萬人。亞馬遜是來勢兇猛的「新玩家」，於 2016 年 10 月推出新的音樂串流媒體服務 Amazon Music Unlimited；另外，亞馬遜還推出了一個面向 Echo 設備的專屬訂閱計畫，費用為每月 4 美元，是競爭對手價格的一半。除此之外，歐美等地還有潘朵拉音樂、Rhapsody、Deezer、Tidal、Google Play Music 等眾多有影響力的音樂串流媒體服務商。

在繼續提供免費服務的同時，中國的網路音樂已經開始重點發展會員付費業務，並且進展迅速。酷狗從 2015 年年底開始推出付費服務，僅用了不到一年的時間，其付費用戶數量就突破 1,000 萬人；QQ 音樂的付費使用者在 2016 年也達 1000 萬人；網易雲音樂的付費會員數量在 2016 年上半年增長了 3 倍。

和影音內容領域一樣，音樂領域基本上同時發生了「串流媒體＋訂閱」的變革。

全球音樂行業正在發生結構性改變，唱片銷量急劇萎縮，而串流媒體取代 iTunes 式付費下載，成為數位音樂的主要形式。音樂串流媒體發展歷程如圖 1-2-1 所示。

IFPI《2018 年全球音樂報告》顯示，數位音樂收入占全球錄製音樂收入的一半以上（54%）。付費訂閱用戶數量的增長對收入的增長有很大的推動作用，全球音樂串流媒體付費訂閱用戶數量變化如圖 1-2-2 所示。

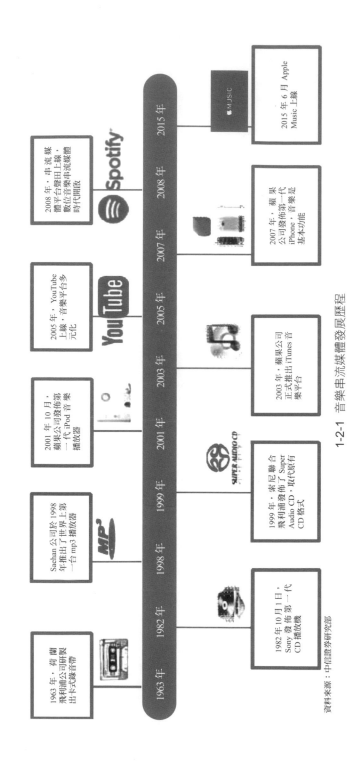

1-2-1 音樂串流媒體發展歷程

資料來源：中信證券研究部

資料來源：MIDiA Research、國海證券研究所。

圖 1-2-2　全球音樂串流媒體付費訂閱用戶數量變化

　　網際網路巨頭、專業音樂串流媒體公司紛紛搶佔音樂串流媒體賽道。2018 年上半年，全球音樂串流媒體市場付費訂閱用戶已達 2.3 億人，同比增加 37.72%，較 2017 年年底的 1.99 億人增加 16%。2018 年上半年，全球音樂串流媒體訂閱收入達到 34.98 億美元。在市場占比方面，聲田以 36% 的占比位列第一，付費訂閱用戶達 8300 萬人；其次為 Apple Music，占比為 19%，付費訂閱用戶達 4350 萬人；亞馬遜以 12% 的占比位列第三，付費訂閱用戶達 2,790 萬人；騰訊音樂以 8% 的占比位列第四，付費訂閱用戶達 1,760 萬人；Deezer、谷歌旗下的付費音樂產品和潘朵拉音樂各自取得了 3% 的市場佔有率。2018 年上半年全球音樂串流媒體付費訂閱用戶數量及市場佔有率如圖 1-2-3 所示。

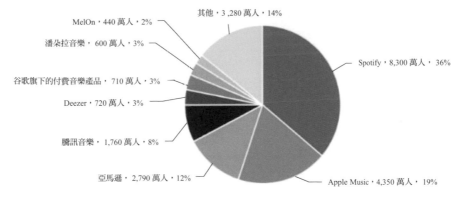

資料來源：MIDiA Research、國海證券研究所。

圖 1-2-3　2018 年上半年全球音樂串流媒體付費訂閱用戶數量及市場佔有率

　　付費訂閱模式能夠更好地滿足用戶需求，在豐富度、自由度、性價比等方面吸引力更大，已經成為音樂串流媒體不可逆轉的發展趨勢。潘朵拉音樂在廣告收入增長乏力後，近年來也積極佈局付費訂閱業務。潘朵拉音樂提供三種音樂服務，一是廣告支援電臺服務，使用者可免費使用，但需接受廣告；二是訂閱電臺服務——潘朵拉音樂 Plus，付費使用者不必觀看廣告，但不能完全按照自己的意願選擇歌曲，費用為 4.99 美元 / 月；三是按需要訂閱服務——潘朵拉音樂高級服務，付費使用者可以創建自己的歌單，類似聲田、Apple Music 的付費服務，費用為 9.99 美元 / 月。

　　音樂串流媒體付費收入占音樂產業總收入的比例如圖 1-2-4 所示。

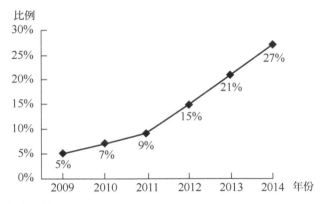

資料來源：美國唱片業協會、招商證券。

圖 1-2-4　音樂串流媒體付費收入占音樂產業總收入的比例

2. 案例：聲田

　　聲田已在加拿大、丹麥、法國、挪威、新加坡、日本、美國、中國（主要在香港地區）、波蘭、荷蘭、西班牙、比利時等 61 個國家和地區開展業務。聲田發展歷程如圖 1-2-5 所示。

　　2015 年 7 月，聲田推出其首個由演算法驅動的播放清單功能：每周新發現，可根據使用者的喜好和收聽習慣，在每週一為用戶提供由 30 首歌曲組成的播放清單。這一功能在吸引大量新用戶的同時，成為吸引新藝術家及新音樂作品的平台要素。

　　2016 年，聲田推出另一項產品功能：Release Radar，於每週五為用戶提供其

關注或者常聽歌手的新歌列表，推動使用者參與度和客戶滿意度的提升，進而推動付費訂閱用戶數量的快速增長。聲田付費訂閱用戶數量變化如圖 1-2-6 所示。

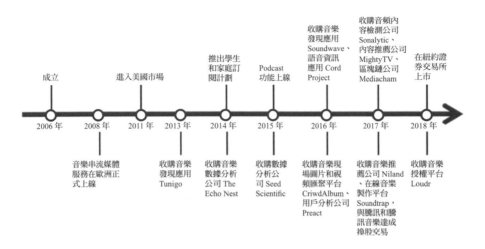

資料來源：Spotify 官網，中信證券研究部。

圖 1-2-5　聲田發展歷程

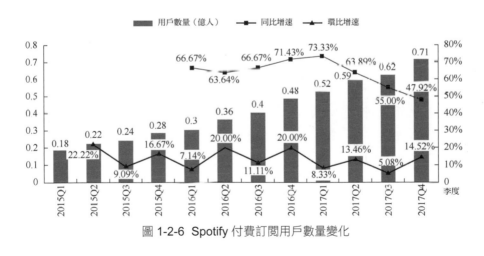

圖 1-2-6　Spotify 付費訂閱用戶數量變化

截至 2017 年第四季度，聲田月活用戶數量已達到 1.59 億人，同比增加 29.27%，其中，付費訂閱用戶數量為 7100 萬人，同比增加 47.92%，環比增加 14.52%，聲田位元列全球正版音樂串流媒體訂閱服務商首位。

2018 年 4 月 3 日，聲田登陸美國紐交所。

聲田採用免費增值模式，使用者可以得到 30 天試用期以體驗付費功能。一方面，免費增值模式可以幫助聲田以最快速度提高使用者滲透率；另一方面，其大部分付費用戶都來自免費用戶的轉化，免費用戶可為平台孵化付費用戶。從權益來看，免費用戶可以線上播放歌曲，但無法下載歌曲，而且在使用過程中必需接受出現在歌曲切換間隙的音訊或視頻廣告。

從收入結構來看，付費業務收入來源於訂閱費用，占比約為 90%；廣告業務收入來源於廣告投放，占比約為 10%。聲田 2015—2017 年的付費業務收入分別為 17.44 億歐元、26.57 億歐元、36.74 億歐元，占總收入的比例分別為 89.9%、90%、89.8%，而廣告業務收入占總收入的比例均為 10% 左右。

聲田提供多樣化的付費套餐供用戶選擇，不同的套餐適合不同的人群，並且與當地用戶的購買能力和購買意願相匹配，包括家庭套餐、個人套餐和學生套餐。家庭套餐的費用為 14.99 美元 / 月，涵蓋一個主要付費用戶和不超過 5 個附屬戶；個人套餐的費用為 9.99 美元 / 月，聲田會給會員 30 天免費試用高級帳戶的許可權；針對學生，聲田則推出 5 美元 / 月的折扣價格。

1.3 電遊

在 2019 年 3 月的遊戲開發者大會（GDC）上，谷歌公佈了其野心勃勃的雲端遊戲訂閱計畫。對遊戲行業來說，這標誌著一個新時代的開啟：雲端遊戲訂閱到來。但是對遊戲主機實體零售店等來說，這卻是「滅頂之災」。

為什麼這麼說呢？

我們現在玩電遊，不管是在電腦端、手機端還是遊戲主機上，遊戲畫面的渲染、背後的運算等都是在本地的電腦、手機和遊戲主機上運行的。而雲端遊戲則把這些工作全部搬到雲端的強大伺服器上，然後把渲染好的遊戲畫面傳輸到手機、電腦等終端中，就像播放線上影音內容一樣。雲端遊戲的運作流程如圖 1-3-1 所示。

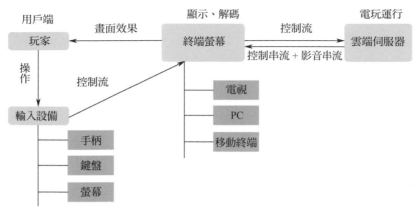

圖 1-3-1　雲端遊戲的運作流程

1．雲端遊戲訂閱的優勢

相較於傳統本地遊戲，雲端遊戲具有巨大的優勢，具體如下。

（1）對電遊玩家的硬體要求大大降低。

以現象級遊戲《絕地求生大逃殺》為例，要想讓遊戲流暢運行，電腦配置至少得是 6 核心 CPU、16GB 記憶體、GTX 1070 以上的顯卡，硬體費用至少需要台幣二三萬元。

而雲端遊戲則對玩家的終端設備沒有過高要求，低配置電腦、工作用筆記型電腦等都可以，使用者不需要額外配備 Xbox 遊戲機、PS 遊戲機、高配置電腦等。

（2）多平台無縫切換。

想像一下：在外用平板電腦玩《俠盜獵車 5》，然後在通勤路上用手機繼續玩，回到家後在智慧電視上繼續剛才的進度，多麼暢快愜意啊！

雲端遊戲打破了不同系統和終端的限制，讓玩家可以在多個終端之間無縫切換，擁有流暢的遊戲體驗。

（3）即點即玩，無須下載安裝。

雲端遊戲和線上視頻一樣，無須提前下載，點開即可以玩，這對大眾來說是非常便利的。

對於高配置的本地電遊，使用者在玩之前需要下載很大的電遊安裝檔，然後將遊戲安裝到本地，不僅佔用很大的儲存空間，而且非常麻煩。雲端遊戲將徹底淘汰這種費時費力的方式，讓玩電遊像看影音內容一樣簡單方便。另外，用戶體

驗新遊戲的試錯成本也會大大降低，遇到不喜歡的遊戲可以隨時放棄，然後點開其他想嘗試的遊戲。

雲端遊戲訂閱不僅是一場技術革命，還是一場商業模式的巨大革新。

雲端遊戲訂閱的盈利模式：收入主要基於遊戲內容的銷售，而不依賴廣告或內購；用戶按時間付費，如包月／包年暢玩整個遊戲庫，不按單個遊戲付費。如此一來，電遊玩家可以用少量的錢玩海量的遊戲，這是非常吸引人的。

以遊戲《刺客教條：奧德賽》為例，官方推薦的 4K 畫質所需的配置為 Intel Core i7-7700 處理器、16GB 記憶體、GeForce GTX 1080 顯示卡、46GB 儲存空間，那麼硬體價格約為 22,000 人民幣。如果按 5 年折舊、平均每天使用 5 小時來計算，平均每小時的成本為 2.47 人民幣。而雲端遊戲訂閱的月訂閱費用一般在 19 美元左右，平均每小時的成本不到 0.2 元，相差 10 倍多。另外，在傳統模式下，每玩一個遊戲需要支付幾百元、幾千元的費用，但在雲端遊戲訂閱模式下，只需 19 美元就可以在一個月內暢玩幾百款遊戲。因此，相對於傳統遊戲模式，雲端遊戲訂閱的優勢是碾壓式的。

毫無疑問，雲端遊戲訂閱是未來趨勢，誰能率先佈局雲端遊戲訂閱平台，誰就掌控了電遊行業的未來。

2 · 巨頭入場「電遊訂閱」

早在 2010 年就有創業公司 OnLive 嘗試雲端遊戲訂閱。近幾年，全球科技巨頭更是紛紛發力，一個接一個地推出雲端遊戲訂閱平台。據作者不完全統計，截至 2020 年 6 月 10 日，提供雲端遊戲訂閱的平台一共有 30 多個，但大部分處於初期嘗試階段。部分雲端遊戲訂閱平台情況如表 1-3-1 所示。

表 1-3-1 部分雲端遊戲訂閱平台情況

公 司	平 台	上線時間	支援的終端	遊戲數量（個）	訂閱費用（美元／月）
微軟	Project xCloud	2017 年	Xbox、電腦	100 多	—
騰訊	騰訊即玩	2019 年	手機	14	—
索尼	PS NOW	2015 年	PS、智慧電視、平板電腦、手機	750	19.99
谷歌	Project Stream（Stadia）	2019 年	網頁、電腦、平板電腦、手機、智慧電視	22	10

國外的微軟、亞馬遜、谷歌與中國的騰訊、阿里等巨頭紛紛殺入，據悉蘋果也有意進入雲端遊戲訂閱領域。

首先，巨頭們看中了雲端遊戲訂閱的巨大市場空間。

目前全球電遊玩家有約 20 億人，如果將 20% 的玩家（約 4 億人）轉化為雲端遊戲訂閱用戶，按照每人 10 美元 / 月收費，那麼一年的市場規模可達 480 億美元。如果樂觀一些，雲端遊戲訂閱的滲透率最終能夠達到影音內容串流媒體的 80%，那麼市場規模又可以翻幾倍。

其次，現在是進入雲端遊戲訂閱領域的最佳時機。

在 2010 年就嘗試雲端遊戲訂閱的 OnLive，成立不到兩年就倒閉了，原因在於當時的網路頻寬無法滿足雲端遊戲訂閱的高速資料傳輸需求。雲端遊戲不同於影音串流媒體，需要即時交互，還要處理遊戲中的物理引擎、照明效果等，不僅資料傳輸量大，而且必須高速傳輸資料。半秒的延遲就可能讓玩家在遊戲中輸掉，也會給玩家帶來不好的電遊體驗。

現在，5G 正式商用，完全能夠滿足雲端遊戲訂閱的頻寬需求。4K 電視、手機等高清螢幕逐漸普及，也可以將雲端平台渲染的高品質畫面完美展現出來。另外，雲端遊戲訂閱需要大規模資料中心的支援。距離資料中心越近，雲端遊戲訂閱用戶的體驗越好。根據思科的預測，到 2021 年，超大規模資料中心的數量將從 2016 年的 338 個增長到 628 個，這能夠進一步提升用戶體驗。

目前，雲端遊戲的主要平台玩家有三類。

（1）電遊企業（包括硬體、發行、研發企業），如索尼、任天堂、微軟、藝電。

他們的優勢在於已有大量忠誠的電遊使用者、豐富的遊戲內容，可以很快地將其遷移到雲端遊戲訂閱平台中。索尼在雲端遊戲訂閱領域發力早、進展快，根據調研機構 SuperData 的報告，索尼雲端遊戲訂閱平台 PlayStation Now 在 2018 年第三季度產生了 1.43 億美元的收入，遠超其他雲端遊戲訂閱平台。

（2）提供雲端計算服務的企業，如谷歌、微軟、亞馬遜。

雲端遊戲訂閱的核心技術是雲端運算、分散式運算、大資料、人工智慧等，這些正是具有雲端計算平台的企業所擅長的。2018 年，谷歌在 Chrome 流覽器上測試了雲端遊戲訂閱服務 Project Stream，其強大的技術使得遊戲效果非常驚豔。據外媒測評，普通玩家可以直接通過流覽器流暢地運行《刺客信條：奧德賽》（見圖 1-3-2），每秒遊戲幀數可以達到 60，整體遊戲體驗和本地電遊非常接近。

圖 1-3-2 谷歌雲端遊戲《刺客信條：奧德賽》運行畫面

（3）電信和寬頻營運商，如中國移動和 Verizon。

電信和寬頻營運商不甘心在 5G 時代只作為一個流量通道，而是希望可以利用自己的通道將流量沉澱下來，從而產生更大的收益。不過，雲端遊戲訂閱不僅要求平台具備強大的雲端運算技術，還要求平台具有遊戲內容營運和使用者營運能力，以確保能夠吸引頂級遊戲。

從這點來看，電信和寬頻營運商的機會不是特別大。提供雲端運算服務的企業有一定機會，並且其具有獨立第三方平台的優勢，如果遊戲內容營運得當，有望佔據一席之地。遊戲企業則面臨一個很大的問題，就是如何平衡自己平台已有的遊戲和其他平台的遊戲，如微軟的雲端遊戲訂閱平台要不要支援 PS、任天堂的遊戲？還是只支持自己旗下 Xbox 平台的遊戲？綜合來看，微軟既有 Azure 雲端運算平台，又有 Xbox 遊戲平台，是目前最有潛力的。

此外，還有很多圍繞雲端遊戲訂閱的創業企業，但綜合性的雲端遊戲訂閱註定是一個巨頭玩的寡頭市場，創業企業幾乎是沒有機會的。不過，在細分的垂直雲端遊戲訂閱領域，很多創業企業是有機會的，如專注於獨立電遊的 JUMP 雲端遊戲訂閱平台。

3・雲端遊戲訂閱的影響

巨頭入場將大大加速雲端遊戲訂閱的普及，遊戲行業將迎來巨變。如同影音串流媒體的興起導致 DVD 逐漸消失，遊戲主機在雲端遊戲訂閱崛起之後將逐漸成為極其小眾的用戶選擇，逐步淡出大眾視野。同樣，主要銷售遊戲主機的實體

零售店也會隨之消失。知名遊戲廠商育碧娛樂軟體 (Ubisoft Entertainment SA) 的總裁吉勒莫認為，索尼的 PS5 將是最後一代遊戲主機，之後遊戲主機將被遊戲串流媒體設備和訂閱服務取代。雲端遊戲帶來的變化如圖 1-3-3 所示。

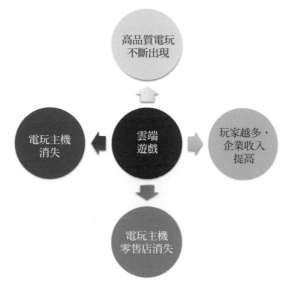

圖 1-3-3　雲端遊戲帶來的變化

　　門檻的降低必然拓寬遊戲玩家的範圍，從而大大增加遊戲玩家的數量。根據英偉達（Nvidia）的資料，目前所擁有的電腦不足以運行大型遊戲的用戶約有 10 億人，大多數用戶的電腦顯卡太差。這 10 億用戶中的大部分都有機會轉換成雲端遊戲訂閱用戶。

　　雲端電遊低廉的訂閱費用能夠讓大部分用戶輕鬆承受，從而吸引一大批對成本敏感的電遊玩家。另外，雲端遊戲訂閱具有龐大的遊戲內容庫，會採用推薦引擎來精準匹配遊戲和玩家，讓玩家可以更輕鬆地找到自己喜歡的遊戲。更多的遊戲玩家、每個玩家更長的消費時間和更高的消費金額，都意味著電遊市場的擴大和遊戲企業收入的提高。

　　然而，擴大的「蛋糕」並不是所有企業都可以分到的，能夠打造高品質遊戲的企業才能分到大塊的「蛋糕」，通過「換皮」、抄襲等方式生產的粗劣遊戲必將加速走向死亡。

　　雲端遊戲訂閱消除了使用者終端的硬體限制，遊戲開發商不必擔心終端的適

配問題，只需專心研發遊戲，雲端遊戲訂閱平台可以將遊戲內容一次性分發到多個平台中。目前，很多遊戲工作室規模小，只能針對 Android、iOS、電腦、電視等某個系統或終端來開發遊戲，抄襲者可以在沒有上線遊戲的平台上輕易模仿。未來，這種情況將不復存在。

另外，由於雲端遊戲無須下載和安裝，玩家可以在短時間內體驗多款遊戲，極大降低了用戶試玩新遊戲的成本。高品質的遊戲更容易被玩家發現，玩家對遊戲在玩法創新和遊戲營運上的要求會顯著提高。同時，付費訂閱模式讓使用者對高品質遊戲的需求和雲端遊戲訂閱平台的獲利需求高度統一，雲端遊戲訂閱平台有更多動力篩選並引入高品質遊戲，並通過推薦引擎精準匹配玩家和遊戲，縮短和降低玩家發掘感興趣遊戲的時間和成本。

凡此種種，都會幫助高品質遊戲更快地「跑」出來。

就像網飛開創的影音串流媒體改變了影視行業一樣，谷歌、微軟、索尼等開創的雲端遊戲訂閱也會深刻改變遊戲行業。不久之後，人人都將可以在雲端遊戲訂閱平台上「點播」遊戲大作，一個新時代即將開啟。

站在 5G 的高速跑道上，雲端遊戲訂閱如同展翅的飛機，即將翱翔於萬里雲空之中。

1.4 新聞出版

會員付費在媒體資訊領域的應用是最早也最為常見的。在網際網路發展的早期，歐美很多平面媒體轉型網路媒體，在提供門戶網站免費閱讀服務的同時，推出會員訂閱服務，如《紐約時報》《洛杉磯時報》《泰晤士報》《經濟學人》等，從而確立了向廣告主和讀者雙邊收費的商業模式。近年來，一些新成立的網路媒體徹底放棄了免費閱讀模式，建立了完全基於會員訂閱的盈利模式，如於 2013 年年底創立的 The Information，其年費高達 399 美元，只有付費訂閱用戶才能閱讀其提供的內容。

在中國，網路文學較早引入了會員付費模式。起點中文網在 2003 年首創「線上收費閱讀」服務，不同級別的會員可享受不同的價格折扣。幾年之後，漫畫領域也引入了付費閱讀模式。這些都對中國現階段付費訂閱的發展起到了良好的市場培育作用。

1 · 新聞報紙

新聞報紙的訂閱延續至今，但其商業模式逐步轉向廣告模式。在網際網路免費內容的衝擊下，很多傳統的紙質新聞報刊紛紛退出市場。

在歐美地區，報紙行業早在 2007—2011 年就呈現出崩潰式行業衰退，美國、英國、加拿大、日本等傳統報紙行業大國幾乎無一倖免。其間，美國有三百多家報社關閉，就連創辦於 1823 年的 The Argus Champion 也難逃一劫。從擴張到收縮，美國報紙行業最近 30 年的歷程不是金融危機、經濟衰退時期的商業遊戲，也不是幾個企業的倒閉，而是整個行業的萎縮。在迅速消失的美國報紙「陣亡名單」中，不乏曾經輝煌一時的 Rocky Mountain News 等。美國報紙發行量歷年變化如圖 1-4-1 所示。

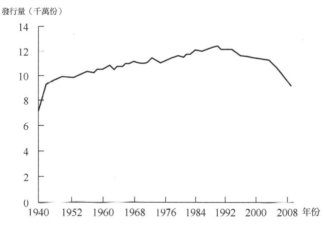

資料來源：NAA、國信證券經濟研究所。

圖 1-4-1　美國報紙發行量歷年變化

2012 年，《德國金融時報》倒閉，《紐倫堡晚報》、《法蘭克福評論報》宣佈破產。西班牙主流大報《國家報》於 2012 年 10 月裁員三分之一，愛爾蘭的區域性報紙受到嚴重打擊，匈牙利、波蘭、義大利、西班牙、希臘的報紙也遭受重創。根據歐洲報紙行業出版人協會的統計資料，上述國家的報紙發行量在 2008—2010 年下降了 10%。一些報紙「新聞網路化」的努力未能遏制住財務情況的惡化。2013 年夏天，曾因報導水門事件而名噪一時的《華盛頓郵報》被亞馬遜創始人貝佐斯 (Jeff Bezos) 收購。

中國也不例外。2005—2015 年是中國報紙行業受新技術衝擊而「失落的十年」。由於網際網路的普及，傳統報紙行業的受眾流失已成趨勢，而近年來智慧移動設備的快速滲透則進一步加劇了報紙受眾的流失。十年間，受眾的流失與銷量的下滑直接影響了報紙行業的收入。2012 年，報紙行業的收入增長率已遠低於 GDP 的增長率，並呈現出負增長態勢。作為報紙行業的主要收入來源，報紙行業廣告收入在 2012 年第一次出現了下滑拐點，從而帶來中國報紙行業 30 年以來第一次廣告收入與發行收入的雙降。

百度 2012 年的淨利潤為 110.5 億人民幣，僅此一家公司的淨利潤就超過同期全國紙媒集團的淨利潤之和。紙媒集團與百度淨利潤對比如圖 1-4-2 所示。

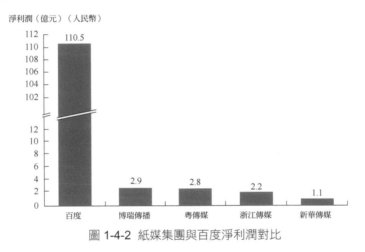

圖 1-4-2　紙媒集團與百度淨利潤對比

這標誌著傳統的報紙主要經營市場正在急劇萎縮，報紙行業的「寒冬」來了。面對危機，很多新聞報紙開始進行數位化轉型，以在訂閱環境中尋找新的機會。國外的《紐約時報》和《金融時報》，以及中國的財新傳媒，都是其中的典型代表。

《金融時報》總部位於倫敦，截至 2018 年，其在全球擁有約 600 位記者，平均每天有 210 萬名讀者。1995 年，《金融時報》試行資訊上網，2002 年，其率先嘗試線上內容付費訂閱服務，開啟傳統報紙線上內容收費的先例。付費訂閱服務分為兩種：一是每年收取 75 英鎊的費用，內容包括所有 FT 新聞、資訊檢索功能、FT 調研、FT 觀察欄目、個人辦公組織系統；二是每年收取 200 英鎊的費用，額外提供兩種專業標準研究和監測工具，涵蓋全球 55 個國家的超過 18,000 家企

業的深度資訊和金融資料，以及 500 家世界頂級媒體的 1,200 萬篇文章。2018 年，《金融時報》中文版也推出了訂閱服務，使用者每年支付 1998 人民幣即可享受精選深度分析文章、中英雙語內容、金融英語速讀訓練等服務。

在 2002 年《金融時報》引入付費訂閱機制時，媒體的高管一致認為，在網際網路時代取得成功的唯一方法就是免費提供內容，《金融時報》的線上內容付費訂閱無疑是一種異類行為。但儘管一路上危機與機遇並存，時至今日，《金融時報》的付費訂閱改革已成為業內標竿。

2012 年，《金融時報》創下 60.2 萬份訂閱發行量的記錄，比五年前提高了 28%。數位訂閱第一次超過了印製訂閱（數字訂閱發行量為 31.6 萬份，印刷訂閱發行量為 28.6 萬份）。2018 年，《金融時報》CEO John Ridding 在接受美國媒體採訪時表示，用戶付費訂閱收入已超過廣告收入，成為公司收入的主要來源，用戶付費訂閱收入約占總收入的三分之二。在《金融時報》的 90 萬付費訂閱讀者中，有三分之二是數位訂閱使用者。

在 2019 年 3 月的春季發佈會上，蘋果推出新聞訂閱服務 Apple News+。Apple News+ 依託已有的 Apple News 免費平台，提供按月付費訂閱服務，美國版的費用是 9.99 美元 / 月。Apple News+ 覆蓋《國家地理》、《人物》、《流行科學》、《億萬富豪》、《紐約客》等 300 多種流行雜誌，內含《洛杉磯時報》和《華爾街日報》的部分文章，以及一些新銳數位媒體的內容。蘋果表示，如果分別進行單項訂閱，一年的總費用至少要 8,000 美元。

2 · 圖書出版

在圖書出版方面，應該有很多人使用過 Kindle Unlimited 訂閱服務。

2014 年，亞馬遜在美國推出 Kindle Unlimited 訂閱服務，使用者可以透過包月或包年的方式付費訂閱亞馬遜的開放書籍（這項服務的中國版於 2016 年上線）。讀者每月只需支付 9.99 美元便可以閱讀 70 萬冊電子書和音訊書。微博上有讀者形容這項業務：「文本形式的知識從此像水龍頭和煤氣一樣，打開就有，自行點播，只有想不到，沒有查不到。精神文明成為基本生活資源的感覺真好。」

QQ 憑藉經營紅鑽、黃鑽會員等成功經驗，QQ 閱讀也推出了包月書庫。隨後，網易出爐了網易蝸牛讀書，其抓住的是「每天免費讀書一小時」的切入口，

變「購買內容」為「購買書籍的擁有時間」。

Kindle Unlimited 訂閱服務、QQ 閱讀的包月書庫、網易蝸牛讀書依然是賣書、賣服務，但區別於前述內容付費，這三者主打的是週期性訂閱的模式。

雖然當前電子書的銷售模式仍然以單本購買為主，但訂閱模式將是未來的主要商業模式。目前各大閱讀平台都已推出自有的會員閱讀體系，以豐富的內容和特權吸引使用者購買。與按章節、按本付費的模式相比，會員訂閱模式的價格相對較低。隨著數位閱讀的受青睞度不斷提升，與影音視頻網站的情況類似，電子書的會員訂閱將逐漸成為電子書的主要商業模式，為各大平台帶來商業價值。從相關資料來看，目前中國主流閱讀平台的訂閱費用在人民幣 10 元 / 月或 120 元 / 年左右。主流閱讀平台的訂閱服務對比如表 1-4-1 所示。

表 1-4-1　主流閱讀平台的訂閱服務對比

平　台	價格 (人民幣)	會員權益	優　缺　點
亞馬遜中國 （Kindle Unlimited）	包月：12 元 包年：118 元	通過多種用戶端閱讀；無限暢讀超過 8 萬餘本圖書	優點：文學作品種類豐富，包含多種語言版本；全部圖書免費閱讀。 缺點：圖書品類有限
京東閱讀 （暢讀 VIP）	包月：10 元 包季度：30 元 包半年：50 元 包年：90 元	隨時通過京東讀書用戶端線上閱讀電子書；支援 1000 本中文電子書的暢讀	優點：價格低於其他平台。 缺點：圖書數量和種類有限，性價比較低
掌閱 iReader （VIP 會員）	包月：10 元 包半年：78 元 包年：118 元	免費閱讀 VIP 書庫中 10 萬餘本圖書；付費書籍 8 折購買；免費閱讀全部雜誌；VIP 簽到贈送代金券	優點：免費書籍種類多，代金券可「解鎖」更多付費書籍；全網最大的「一站式」數字閱讀平台
QQ 閱讀 （VIP 會員）	包月：12 元 包季度：40 元 包半年：78 元 包年：128 元	10 萬餘本書籍免費閱讀；線上聽書 8 折購買	優點：網路文學圖書種類最豐富。 缺點：價格高於其他平台

資料來源：亞馬遜中國、當當網、京東圖書、掌閱 iReader、QQ 閱讀等官方網站，由中信證券研究部整理。

不僅新銳的電子書閱讀機構採用了訂閱模式，很多老牌的出版社也推出了訂閱服務。

教育出版商聖智（Cengage）在 2018 年 8 月推出訂閱服務 Cengage Unlimited，學生每學期支付 119.99 美元的固定費用即可使用聖智所有的數位

產品,這是美國高等教育出版商推出的首個訂閱服務。2019 年 2 月,Cengage Unlimited 已經有超過 100 萬的訂閱量。訂閱服務將幫助出版發行商恢復因盜版而失去的市場佔有率和二級市場,同時為之前學生從未購買的「推薦讀物」創造增量版稅。

1.5　購物

王永慶創立了台塑集團,他和李嘉誠一樣,是全球著名的華人鉅賈。作為頭腦精明的商人,王永慶很早就開始了稻米訂閱生意。

1932 年,16 歲的王永慶在臺灣嘉義開了一家米店,從此踏上了艱難的創業之旅。那時候,顧客都是上門買米,自己運送回家。這對年輕人來說不算什麼,但對一些上了年紀的人來說,就非常不方便了。而多數年輕人又無暇顧及家務,買米的顧客以老年人居多。

王永慶注意到這一細節,於是開始送米上門。如果給新顧客送米,王永慶就會記下這戶人家米缸的容量,並且問明家裡有多少人吃飯,幾個大人、幾個小孩,以及每人飯量如何等,據此估計該戶人家下次買米的時間,並記在本子上。到時不等顧客上門,他就主動將相應數量的米送到顧客家裡。這其實就是稻米訂閱的購物模式。王永慶通過這一精細服務贏得了很多顧客,其生意也從小小的米店開始,越做越大,直到其成為臺灣首富。

隨著電商的不斷發展,很多新模式逐漸出現,訂閱電商平台快速崛起。各領域的訂閱企業如表 1-5-1 所示。

表 1-5-1　各領域的訂閱企業

領　域	訂閱企業
男裝	Trendy Butler
	Bespoke Post
	Bombfell
	Manpacks
	Five Four Club
	Hall & Madden
	Curator and Mule
	Trunk Club
	Alpha Outpost

（續表）

領　域	訂閱企業
女裝	JustFab Stitch Fix Le Tote AdoreMe Gwynnie Bee MeUndies FabFitFun Wantable Sweatstyle
母嬰用品	Vinebox Bitsbox Rockets of Awesome BimBasket Please and Carrots The Honest Company
日用品	Dollar Shave Club Ipsy Glossybox BirchBox Julep Beauty Bellabox Scentbird
寵物用品	BarkBox The Farmer's Dog Woufbox Pupbox
酒類	Brew Publik Splash Wines Bright Cellars
咖啡、茶	Sudden Coffee Bean Box Craft Coffee Perfect Coffee

（續表）

領　域	訂閱企業
生鮮	Imperfect Produce 藍圍裙（Blue Apron） Purple Carrot Home Chef 哈羅生鮮（Hello Fresh） 良食網
玩具、衍生品	Loot Crate 巧虎 Lootaku Hasbro Gaming Crate

根據訂閱盒評論網站 My Subscription Addiction 上的資料，目前全球有 3,000 多個購物訂閱網站。根據 Hitwise 發佈的《2018 美國訂閱盒市場調查報告》，2018 年美國購物訂閱網站的訪問量比 2017 年增加了 24%。其中，受歡迎程度排名前九的購物訂閱網站是 Ipsy、藍圍裙、哈羅生鮮、Stitch Fix、Dollar Shave Club、Home Chef、FabFitFun、BirchBox、Loot Crate，涵蓋了化妝品、食材、服裝、刮鬍刀、動漫等多個類別。

最受歡迎的訂閱網站 Ipsy 由 YouTube 美妝視頻「網紅」——美籍越南裔 Michelle Phan 創立，每月為用戶量身定製美妝禮盒 Glam Bag，售價為 10 美元，其中包含 5 款不同品牌的美妝產品的試用包，產品涉及眾多知名品牌或小眾美妝創業品牌，通過這種方式獲得消費者的試用回饋。美國其他美妝禮盒訂閱服務平台還有 BirchBox、Sephora、BoxyCharm、Beauty Army、Glossybox、Sample Society、TestTube、Sindulge、MyGlam 和 Goodebox 等。

The Honest Company 是主營母嬰用品的電商，成立於 2012 年，專門為新生兒家庭提供無毒、天然的母嬰用品。The Honest Company 30% 的銷售量來自實體店，其餘來自網上銷售，其中，網上銷售的 60% 來自多種產品包的使用者按月訂購。用戶在免費領取試用包後，就會自動加入訂閱服務，定期收到紙尿褲等產品。2018 年，The Honest Company 獲得 2 億美元的戰略投資。

Stitch Fix 是一家於 2011 年成立的公司，主要提供女裝訂閱服務。其業務流

程如下：顧客填寫穿衣風格偏好問卷，並選擇訂購週期（從兩週一次到每季度一次不等）；造型師挑款，收取造型費 20 美元；顧客按時收到盒子，裡面包含 5 件衣服和搭配方法；顧客在試穿後決定購買或退回。2017 年年底，Stitch Fix 成功在納斯達克 IPO，市值逾 26 億美元。Stitch Fix 在 2018 財年的收入為 12 億美元，淨利潤達 4500 萬美元，2019 財年第一季度的收入達 3.66 億美元。美國著名商業雜誌 Fast Company 公佈了「2019 年 50 大最具創新精神公司」榜單，Stitch Fix 位列第五。

2014 年，男裝訂閱電商 Trunk Club 以 3.5 億美元被美國零售巨頭 Nordstrom 收購，這讓訂閱電商成為市場關注的新概念，產生了「垂衣 (CHAMPZEE)」「Abox 壹盒」等訂閱電商。2018 年，垂衣快速完成了 A1、A2、A3 輪融資，分別由 SIG、雲九資本和螞蟻金服領投，A 輪整體融資額近 3,000 萬美元，成為中國訂閱電商領域融資額最高的創業項目。

Purple Carrot 成立於 2014 年，在 2018 年獲得了 400 萬美元的戰略資金，累計獲得 1000 萬美元的融資。該公司為用戶提供完全基於植物的純素餐盒和極易烹飪的食譜，並在指定時間配送到用戶家中，由用戶自己烹飪。其有兩種訂閱套餐可供用戶選擇：一種是基礎套餐，每週有三種不同的餐盒，價格是 72 美元 / 周；另一種是 TB12，每週提供三種高蛋白無麩餐盒，價格是 78 美元 / 周，兩種套餐都是 1~2 人的食用量。

Dollar Shave Club 成立於 2011 年 7 月，是非常知名的日用品訂閱電商。其最初按月訂購的模式非常簡單：顧客每月只需支付一定費用（至少為 1 美元，另付 2 美元的快遞費和手續費），就有刮鬍刀直接送到家門口；此外還有其他兩種訂閱包，用戶每月支付 6 美元或 9 美元，不需要額外支付運費、手續費等。近幾年，Dollar Shave Club 一直在擴大產品線，到目前為止，除了刮鬍刀，其還有一系列相關產品（如髮膠、溼紙巾、刮鬍用泡沫等）的按月訂閱服務，並不斷推出新的訂閱套餐。2017 年，聯合利華以 10 億美元收購了 Dollar Shave Club。

在 Ipsy、Dollar Shave Club、Stitch Fix 等成功案例的帶動下，很多傳統零售商也開始試水訂閱模式。

2015 年，化妝品零售商 Sephora 宣佈推出每月訂購項目「Play!」，首先在美國部分地區試點。訂閱禮盒 Play! 在美國波士頓和俄亥俄州率先推出，首次發售 10,000 份，費用為 10 美元 / 月，提供 5 種品牌的美容試用品：Sephora

Collection Rouge Infusion 唇膏、Marc Jacobs Beauty 高光眼線筆、Ole Henriksen Sheer Transformation 面霜、Bumble and Bumble 髮油、Glam Glow Super Cleanse 潔面乳。除了提供試用品，Play! 還提供使用提示、趣味知識、美妝教程等。除此之外，其每月推出的禮盒還附送各種小樣。

根據麥肯錫 2018 年的一份報告，訂閱電商在 2011—2016 年經歷了爆炸式增長，年平均增長率約為 100%，所推出的訂閱盒可分為三類。

（1）個性化訂閱包：根據消費者個人喜好提供個性化商品，如 BirchBox。

（2）補貨訂閱包：提供穩定的消費品（如刮鬍刀）供應，如 Dollar Shave Club。

（3）精選訂閱包：提供消費者可能會購買的物品（如食物）的獨家產品或折扣，如 NatureBox。

根據麥肯錫的報告，個性化訂閱包是最受歡迎的。

1.6　汽車與出行

線上叫車巨頭 uber 網約車（Uber）和來福車（Lyft）一直實行動態價格機制，根據不同的出行時間、路線及市場需求和交通狀況，乘客每次為出行支付的費用並不相同。不過，兩家公司都開始向訂閱模式轉變。

uber 網約車在 2018 年推出按月付費訂閱服務 Ride Pass。Ride Pass 已經在洛杉磯、奧斯丁、奧蘭多、丹佛和邁阿密這 5 個城市推出，訂閱價格為 14.99 美元 / 月（洛杉磯地區為 24.99 美元 / 月）。uber 網約車表示，在訂閱該服務後，uber 網約車 X 和 uber 網約車 Pool 的服務費將保持較低價位，乘客每月的出行費用最高可節省 15%。Ride Pass 的票價不受天氣、交通狀況等因素的影響，同時乘客每月可乘坐的次數沒有限制。

來福車推出訂閱服務 All Access Plan，訂閱價格為 299 美元 / 月，包含 30 次出行。如果搭乘次數超過 30 次，用戶須支付車費，但可以享受 95 折優惠。

在線上叫車的衝擊下，各大傳統汽車廠商也紛紛探索汽車訂閱模式。

2017 年，通用汽車公司旗下品牌凱迪拉克宣佈將發佈一項豪華車訂閱服務 BOOK，消費者只需完成支付便可以駕駛凱迪拉克轎車和 SUV，沒有行駛里程的限制。訂閱服務按月計費，費用包含車輛維護費、保險費及其他相關費用。同時，

用戶在申請會員時必需接受相關背景和駕駛記錄核查，並且須支付 500 美元的註冊費。該訂閱服務使會員可以充分享受自由，還可以通過手機應用預定即將上市的豪華車。幾乎所有的凱迪拉克車型都可以預定，包括 XT5 豪華跨界車、CT6 轎車、Escalade 和 V 系列性能跑車，每月的費用約為 1,500 美元。

2018 年，賓士在美國推出一項名為 Mercedes-Benz Collection 的汽車訂閱服務，分為三個級別：第一級別的訂閱費用為每月 1,095 美元，可使用 C300、CLA45、GLC300 系列車輛；第二級別的訂閱費用為每月 1,595 美元，可使用 E300 轎車、E400 旅行車和跑車；第三級別的訂閱費用為每月 2,995 美元，可使用 GLE63S SUV、GLS550 等高端車。除了可以隨意選擇車型，訂閱服務還包含了保險、維修、路邊輔助等相關服務，無里程限制。

此外，富豪、保時捷、寶馬、豐田也都推出了各自的汽車網約服務。馬基特 IHS Markit 預測，到 2023 年，汽車網約服務的市場規模可達 60 億美元，毛利率為 20%~30%。

初創企業 Surf Air 是一家會員制航空服務公司，提供美國加利福尼亞與熱點城市之間的短途旅行服務，為尋求快捷商務和休閒之旅的顧客提供奢華的私人 Pilatus PC-12NG 飛機航空服務。

Surf Air 的會員分為三個級別：月費為 790 美元的會員，在同一時間可以預訂 2 趟班機；月費為 990 美元的會員，可以同時預訂 4 趟班機；月費為 1,490 美元的會員，則可以同時預訂 6 趟班機。創始會員享有無限次免費的賓客證，可以邀請親友一起飛行。飛機是八人座的小型飛機，全皮座椅加上寬敞的休閒及工作空間，讓乘客有置身於頭等艙的感覺。另外，航班不設空服員，只在登機口處提供禮賓服務，以滿足乘客起飛前和降落後的需求。

事實上，Surf Air 並不是首個推出「無限次飛行」的航空公司。捷藍（JetBlue）和 Sun Country 曾推出 699 美元 / 月和 499 美元 / 月的「一個月無限次飛行計畫」，航點包括美國多個城市及墨西哥和加勒比海等。

1.7 生活服務

美國外賣送餐公司 DoorDash 成立於 2013 年。2018 年，DoorDash 推出訂閱服務 DashPass，消費者每月只需支付 9.99 美元，就能享受無限次免費送餐服務，

有數百家餐廳可供用戶選擇，包括 Wendy's、The Cheesecake Factory、California Pizza Kitchen、White Castle 等。只要餐廳在 DashPass 的清單中，並且訂單金額不低於 15 美元，訂閱用戶就可享受免費配送服務。用戶可隨時取消訂閱。

　　Kettlebell Kitchen 成立於 2013 年，致力於為消費者定製膳食計畫，幫助其實現保健、減肥、健身等目標。Kettlebell Kitchen 與大量健身房建立了合作，使消費者可以非常便利地取貨，網點也提供送貨上門服務。餐點是 Kettlebell Kitchen 的核心，其每週都會更新菜單，除了普通的健康飲食搭配，Kettlebell Kitchen 還會提供生酮、純素食、低碳水、高碳水等多種飲食方案，滿足不同消費者的需求。2018 年，Kettlebell Kitchen 宣佈獲得了 2,670 萬美元的 B 輪融資。

　　提供健康餐訂閱服務的創業企業還有咚吃、Yota 等。

　　在社交方面，Hinge 是國外一款類似於陌陌科技 (Momo) 的陌生人社交應用軟體。Hinge 先通過臉書（Facebook）為用戶創建一份簡介，並且獲取使用者的相關資訊和偏好，如年齡、約會地點等，然後提供潛在配對物件供使用者選擇。用戶可以選擇接受或不接受，只有在雙方都選擇接受的情況下，才會揭示配對結果。

　　基礎版的 Hinge 服務是免費的，使用者可以根據性別、年齡、身高等選擇好友。但使用者若想享受更多的約會服務，就需要訂閱高級會員服務。高級會員享有不限次數的「點讚」「看誰為你點讚」等特權，費用為 12.99 美元 / 月、20.99 美元 /3 個月、29.99 美元 /6 個月。

　　根據 Sensor Tower 的協力廠商資料，截至 2019 年 2 月，Hinge 在全球範圍內的下載量為 550 萬次，在 2018 年創造了 520 萬美元的收入。

1.8 軟體與網際網路

　　微軟在 2011 年推出了 Office 365，這標誌著其商業模式的重大轉型。Office 365 包括最新版的 Office 套件，支援在多個設備上安裝 Office 應用，採取訂閱方式，使用者可靈活選擇按年或按月付費。2020 年，用戶只需支付 99 美元 / 年或 10 美元 / 月的費用，就可以享受多項微軟辦公軟體服務。

　　微軟前高級主管 Tren Griffin 透露，在將 Office 買斷制改為 Office 365 訂閱制後，用戶數量大幅增加，2019 年的用戶數量多達 2.14 億人。

訂閱制已成為軟體行業的標準模式。除了微軟，Autodesk、Oracle、Adobe 等全球知名軟體公司也已經發佈了訂閱服務，從傳統的授權模式向訂閱模式轉型。

Adobe 的主要產品為圖形設計、影像編輯與網路開發軟體，其在內容製作領域具有絕對優勢，擁有 Photoshop、Acrobat、CS 套件等代表性產品，是行業的絕對龍頭。

Adobe 在轉型之前，由於市場相對飽和，新增需求不足，公司的收入及利潤波動較大。2012 年，Adobe 開始嘗試訂閱制轉型，推出了 Creative Cloud（CC）訂閱服務。2013 年年初，公司全力推動線上訂閱轉型，宣佈之後 CC 將成為主力，不再更新 CS 套件。之後，Adobe 的訂閱收入占比迅速提升，2014 年達到 50%，2017 年攀升至 84%。訂閱模式使 Adobe 的淨利率和淨資產收益率迅速提升。

2013—2016 年，公司的營業收入從 40.5 億美元增長至 58.5 億美元，年均複合增長率為 13.0%；淨利潤從 2.9 億美元增長至 11.7 億美元，年均複合增長率為 59.1%。

Adobe 在轉向雲端訂閱服務後，將原有存量用戶轉化為訂閱用戶，將訂閱費用作為主營業收入，盈利模式發生轉變，收入、現金流、利潤率、淨資產收益率等各項指標均長期穩定提升，並帶動股價長期向上。

人們在社交中往往需要彰顯身份，會員付費訂閱具有天然土壤。社交網站往往把會員劃分為普通會員和高級會員，高級會員可享受一定的特權和增值服務。在全球職業社交三巨頭中，德國 Xing 和法國 Viadeo 以會員付費為核心盈利模式，分別有 50% 和 40% 的收入來自會員訂閱服務；美國 LinkedIn 於 2003 年上線，在 2007 年推出高級會員訂閱服務，會員付費曾一度成為公司最大的收入源，目前仍有 17% 的收入來自會員訂閱服務。

在中國，QQ 超級會員就是一種典型的付費訂閱服務。另外，訂閱模式在婚戀社交領域的應用也極為廣泛，世紀佳緣有超過一半的收入來自會員訂閱服務。

1.9 銀行金融

目前國外有不少銀行正在嘗試訂閱服務。比較典型的兩家銀行是第一金融銀行和河谷國民銀行。

　　第一金融銀行位於美國德克薩斯州，曾因創新的訂閱模式獲得銀行業的金融科技獎項。該銀行的客戶每月只需支付 6 美元，就可以享受免費借記卡 / 網上銀行 / 移動銀行、免費電子帳單、紙質帳單、手機保護、1 萬美元的旅遊意外保險、道路援助、防盜保障、雜貨店優惠券、購物 / 餐飲 / 旅遊折扣、醫療健康折扣等一系列服務。另外，用戶每刷一次卡，月費就降低 0.1%。也就是說，如果刷卡消費的次數足夠多，訂閱費用可能接近零。

　　第一金融銀行五類不同帳戶的訂閱服務如表 1-9-1 所示。

表 1-9-1　第一金融銀行五類不同帳戶的訂閱服務

帳戶類型	高級帳戶	中級帳戶	儲蓄帳戶	遺產帳戶	免費帳戶
免費借記卡 / 網上銀行 / 移動銀行	√	√	√	√	√
免費電子帳單	√	√	√	√	√
紙質帳單	2 美元	2 美元	2 美元	2 美元	2 美元
手機保護	×	√	×	×	×
1 萬美元的旅遊意外保險	×	√	×	×	×
道路援助	×	√	×	×	×
防盜保障	×	√	×	×	×
雜貨店優惠券	×	√	×	×	×
購物 / 餐飲 / 旅遊折扣	×	√	×	×	×
醫療健康折扣	×	√	×	×	×
免費匯票 / 本票 / 公證	√	×	×	×	×

（續表）

帳戶類型	高級帳戶	中級帳戶	儲蓄帳戶	遺產帳戶	免費帳戶
利息	√	×	√	√	×
國外 ATM 每月返還	最高 15 美元	—	最高 6 美元	最高 10 美元	—
免費品牌支票	√	×	√	√	×
月費	12 美元	6 美元	6 美元	0 美元	0 美元

在這項訂閱計畫發佈後，第一金融銀行 35% 的用戶就訂閱了，由此可見訂閱服務的受歡迎程度。

美國奧克拉荷馬州的河谷國民銀行與金融科技公司 Meed 合作，在 2018 年 12 月推出了一個訂閱套餐，具體項目如下。

（1）即時轉帳。用戶可以在任何時間、任何地點，非常方便地收款或付款。

（2）儲蓄目標。不管用戶是在為旅遊做準備還是在為買房做準備，都可以設置儲蓄目標，然後追蹤進度。

（3）抵押貸款。當用戶急用現金時，可以將儲蓄帳戶作為抵押以進行貸款，不會影響帳戶餘額。

（4）團體壽險。使用者不需要支付額外費用，就可以享受團體壽險。

（5）服務選項。用戶可享受支票、儲蓄、中國轉帳、國際轉帳等服務。

用戶每月只需支付 9.95 美元的訂閱費用，即可享受上述所有服務。河谷國民銀行希望用這項訂閱服務為使用者帶來革命性的消費體驗，創造差異化以打造競爭優勢。

第一金融銀行與河谷國民銀行顯然不是盲目跟風，而是看到了訂閱模式對於傳統銀行業務的巨大意義。

對銀行來說，訂閱這種新的商業模式至少能給使用者帶來以下好處。

（1）低成本。

如果單獨購買第一金融銀行的所有服務，至少需要幾十美元，但在訂閱模式下，使用者只需支付 6 美元就可以享受所有服務。因此，相對於單獨購買，訂閱對用戶來說更加划算。

（2）個性化體驗。

視頻訂閱網站具有強大的推薦引擎，可以精準匹配海量的影音內容和使用者的興趣需求，在同一網站中，每位使用者看到的內容是不一樣的，真正實現了「千人千面」。

銀行也可以運用這種模式，精準匹配一系列金融服務專案和使用者需求，讓使用者根據自身需要進行訂閱。這樣一來，用戶的需求得到了更好的滿足，用戶黏性和忠誠度隨之增加，銀行的收入和用戶數量也會顯著增加。

（3）方便靈活。

按月支付訂閱費用，在不需要時可以隨時取消，這給用戶帶來很高的自由度。使用者完全可以按需訂閱金融服務，能夠減少浪費且非常靈活。

銀行在嘗試訂閱模式的過程中，為用戶提供真正的價值是關鍵所在。

有些銀行喜歡行銷炒作，僅簡單地在當前金融服務中添加服務費，然後改成按月付費，就宣稱用訂閱模式改革業務，這註定是失敗的。銀行必須從用戶的需求出發，給使用者提供具有吸引力的服務專案，如快捷借款、預算控制等，然後針對不同的人群提供不同的訂閱服務包。只要增值服務有價值，很多使用者是願意付費的。

根據 CitizenMe 在英國的調查資料，71.7% 的銀行使用者沒有向銀行付費的行為，但 44.6% 的用戶願意付費以享受銀行提供的額外的增值服務，如使用者願意為透支服務、現金返還等付費。

另外，銀行還可以鼓勵訂閱使用者分享訂閱服務。如果訂閱用戶將自己的帳戶分享給親朋好友使用或推薦親朋好友開通訂閱服務，銀行就可以給予其一定獎勵，如給予訂閱折扣，這樣可以吸引更多的用戶。

由於較高的轉換成本，用戶一般不願頻繁更換銀行帳戶，因此，雖然銀行很多，但實際的競爭並不是很激烈。這導致很多銀行沒有動力為客戶提供真正有價值的服務。訂閱模式可以倒逼銀行去思考如何重建客戶關係、如何為使用者提供不會被退訂的金融服務等。可以預見，將有越來越多的銀行嘗試訂閱這種新的商業模式。

1.10 教育培訓

訂閱模式目前已經應用到程式設計教學、音樂培訓等教育領域中。

TreeHouse 是一個線上程式設計教學平台，創立於 2010 年。在其網站上，用戶可以找到包括 Objective-C、HTML 5、JavaScript、Ruby 等在內的教學影片，同時，TreeHouse 還提供了 Local WordPress Development、Git Basics 等具有針對性的培訓影片。目前，TreeHouse 已經發佈了超過 1,000 個線上培訓影片視頻，並且所有影片都是由他們的全職教師錄製的。

TreeHouse 並不是免費的，在 14 天的免費試用期過後，使用者就需要向 TreeHouse 付費了。TreeHouse 提供 25 美元 / 月的基礎版服務和 49 美元 / 月的高級版服務。

2012 年，TreeHouse 獲得了 475 萬美元的投資，實現了 360 萬美元的營業收入，活躍用戶有 18700 人。

2014 年，TreeHouse 完成了 B 輪融資，融資總額達到 1300 萬美元，擁有超過 7 萬名付費用戶，其中一半使用者來自美國以外的地區。

2018 年，TreeHouse 在全球 190 個國家和地區擁有 28.6 萬名訂閱用戶，年收入超過 1500 萬美元。

TreeHouse 的案例表明，線上教育完全可以依靠訂閱模式來盈利。而在此過程中，擁有核心用戶是關鍵，如果提供的服務能夠真正為使用者解決問題，給用戶帶來價值，那麼用戶是非常願意付費的。

2016 年 5 月 5 日，為教師線上授課提供服務的 Teachable 宣佈完成 250 萬美元的天使輪融資，該輪融資由 Accomplice Ventures 領投，Naval Ravikant 和 Learn Capital 跟投。

Teachable 於 2014 年在紐約成立，是一個供教師創建、管理和銷售線上課程的平台，讓每位教師都能快速創建一個線上網路學校。Teachable 幫助教師組織課程內容、解決支付問題、獲得與課程相關的資料分析，品牌和定價權完全屬於教師。教師在 Teachtable 上註冊後，可以創建屬於自己的個性化網站，上傳並編輯線上課程。同時，平台提供一整套教學用的學習工具，包括線上測驗、線上論壇、學生回饋等，在授課完成後，Teachable 還為教師提供資料分析功能來管理學生清單和授課情況。

Teachable 的營業收入主要來自教師的訂閱付費，教師可以選擇每月 0~299 美元的套餐。另外，Teachable 也開發了基礎版本，向教師收取 1 美元及其在平台上課程銷售額的 10%。如果課程本身是免費的，則平台不會向教師收取費用。

Teachable 表示，平均每門課程的教師收益超過 5000 美元，也有部分特別出色的教師，如某個教 iOS 開發的老師，通過視頻課程拿到了 100 萬美元的課酬。

與 MasterClass、Lynda 等線上授課網站不同，Teachable 專注於為授課方提供服務，教師獨立管理自己的學生和課程，平台本身不直接向學生開放課程資料庫。

1.11　醫療健康

在美國，患者如果想去醫院看病，通常需要提前幾周甚至幾個月預約醫生，依照醫生的日常安排確定診療時間。到了約定日期，患者還要在前檯經歷長時間的排隊等候，填寫繁瑣的個人資料，但最終與醫生交流的時間可能不超過 5 分鐘。

預約時間長、候診時間長、環境嘈雜、費用高昂，這是美國醫療行業的痛點。而美國保健公司 One Medical 正在嘗試利用訂閱模式解決這一痛點問題。

通過 One Medical，用戶可以隨時隨地預約醫生，甚至可以預約當天的醫生。到診所就診時，患者的候診時間不會超過 5 分鐘，但與醫生的交流時間可以長達一整天。如果只是皮膚過敏等小問題，患者還可以通過 One Medical 官網或移動應用程式獲得全天候（24h×7）的線上虛擬護理。而要享受這些服務，使用者每年只需支付不到 200 美元（149~199 美元）的訂閱費用。

One Medical 通過高效的就醫流程與優質的醫療服務吸引使用者，承諾以合理的價格提供高品質的初級保健服務。2019 年，成立於 2007 年的 One Medical 已在美國 8 個城市（波士頓、芝加哥、洛杉磯、紐約、鳳凰、西雅圖、舊金山灣區、華盛頓特區）設立了超過 60 家門店診所。One Medical 通過廣設點、高覆蓋的方式，將診所開設在購物中心、辦公室、居民社區等人流量大的地方，盡可能地貼近會員，節省會員的交通成本。

與美國其他醫療機構不同，One Medical 診所的醫生每天接待約 16 名患者，低於行業標準的 25 人，因此會員在 One Medical 診所接受診療的時間遠遠多於其他診所，會員甚至可以與自己的預約醫生交流一整天。同時，One Medical 利

用強大的 IT 系統代替人工作業，診所的醫生數量從行業標準的 4.5 人降到 1.5 人，在降低管理成本的同時，提高了診所的運作效率。2016 年 1 月，一位名為 Melia Robinson 的 會 員 以 After trying One Medical，I could never use a regular doctor again 為題，撰寫了一篇讚美 One Medical 的部落格，並表示，自己從進入診所到接受診療、完成付款，只花了 25 分鐘左右的時間。高效的就醫體驗讓他不再想接受普通醫療機構的醫療服務。

除了醫療服務，藥品、保健品等也可以應用訂閱模式。

Multiply Labs 運用 3D 列印技術為客戶定製私人營養劑藥丸。這意味著，使用者可以根據自己的需求定製藥丸，還可以控制藥物生效的時間，如在特定時間釋放咖啡因，讓人充滿活力。

通過訂閱服務，使用者可以將自己需要的所有營養劑打包成一片定製的 3D 列印藥丸，而且在服下藥丸後，藥丸可以根據使用者的需求定時釋放不同的營養劑。一包藥丸（含 15 個藥丸，供 15 天使用）的費用為 19 美元。

Multiply Labs 的訂閱藥丸如圖 1-11-1 所示。Multiply Labs 通過映射演算法，可以為消費者推薦個性化的藥丸，其中的營養劑種類和數量完全符合客戶的實際需要，使用者不需要的營養成分一概沒有。

資料來源：Multiply Labs 官網。

圖 1-11-1　Multiply Labs 的訂閱藥丸

顯而易見，這是一項重要的突破，會對社會產生巨大的影響。每個人都知道健康飲食的重要性，但是很少有人能真正做到。為了節省時間，我們吃了太多的加工食品和冷凍食品，雖然知道營養劑對身體有好處，但無法保證每天按時服用不同的藥丸，定製藥丸則能很好地解決這一問題。

另外，健身領域也非常適合採取訂閱模式。

2018 年 12 月，Zwift 完成 1.2 億美元的新一輪融資。Zwift 是一家提供健身服務的公司。騎行愛好者只需將自己的自行車架上騎行台，然後將心率帶、速度和踏墊感應器及功率計等感測器與裝有 Zwift 應用的設備連接，再在車前面擺個螢幕，就可以進入 Zwift 提供的騎行遊戲世界，它可以根據使用者的騎行路線獲取鍛練資料並適時調整坡度、阻力等。

Zwift 的用戶包括業餘自行車愛好者、自行車健身愛好者及職業運動員。圍繞 Zwift 社區，已有超過 200 個臉書群組建立。人們利用這些群組組織騎行活動，有時甚至會在訓練後聚集在咖啡館中，就像之前實際的戶外騎行一樣。公司的盈利主要來源於課程內容的付費訂閱。用戶最初可以免費試用，在試用期結束後，訂閱費用為 15 美元 / 月。

第 2 章

這些巨頭都在嘗試訂閱模式

訂閱經濟的蓬勃發展吸引了社會各界的目光，很多企業巨頭紛紛大舉進軍。

2.1 日用化學品

2.1.1 寶潔

2016 年，寶潔集團在美國上線了一項直接面對消費者的訂閱服務 Tide Wash Club（汰漬洗滌俱樂部）。據外媒報導，Tide Wash Club 已經註冊商標，以定期向用戶郵寄汰漬最新產品的方式實現產品銷售。

Tide Wash Club 到底是什麼？其實，它就是一種定時、定期、定量送貨上門的訂閱服務。訂閱已經成為一種新的銷售管道，而且正在侵蝕傳統的日化零售管道。

事實上，寶潔開通 Tide Wash Club 是無奈之舉，外媒對此的評價是，為了刺激銷售，寶潔已經開始和其他線上訂閱服務展開競爭，消費者的購買去向已經隨著網路化而發生改變，這破壞了寶潔的傳統零售業態，倒逼寶潔重新思考自身的銷售模式。

寶潔的訂閱嘗試並不局限於汰漬這一個品牌，在寶潔旗下最大的三個品牌中，已有 2 個品牌開展了訂閱服務。除汰漬外，吉列針對男士刮鬍刀提供線上訂閱服務——吉列刮鬍刀俱樂部。客戶可以選擇三種不同的刮鬍刀片包，從 11 美元的入門級 Sensor 3 一次性刮鬍刀片到 22 美元的高端 Fusion Proshield 刀片。客戶可以選擇更換刀片的頻率，還能在任意時間更改或取消自己的訂閱方案。

　　作為寶潔第二大品牌，吉列是全球最大的刮鬍刀品牌，但其在美國市場的佔有率已經從 2010 年的 70% 下降到了 2018 年的 54%。根據 Euromonitor 的資料，吉列 2010 年、2015 年和 2018 年的市場份額分別是 70%、59%、54%。導致吉列市場份額下滑的一部分原因正是 Dollar Shave Club 訂閱服務的興起。

　　Dollar Shave Club 用每月 1 美元的價格在全球範圍內吸引了 320 萬活躍用戶，通過強有力的 B2C 模式，打破了吉列在刮鬍刀市場中的壟斷地位。2016 年，寶潔的「老對手」聯合利華花費 10 億美元收購了 Dollar Shave Club。

　　由此可見，線上訂閱服務的興起對快消品傳統零售管道的衝擊是非常大的。而依賴傳統零售管道的品牌也受到了很大的衝擊，就連寶潔這樣的「大佬」也有些「招架不住」的意思。

　　寶潔的訂閱服務雖然起步晚了點，但還是有自己本身的優勢的。

　　（1）寶潔的固有影響力是其他品牌無法企及的；

　　（2）寶潔旗下諸多品牌還佔有絕對的市場領導地位，有利於吸引消費者；

　　（3）通過提供訂閱服務，寶潔能夠和消費者產生更多、更直接的聯繫，從而獲得更多的提升空間。

2.1.2　聯合利華

　　與寶潔自建訂閱業務不同，聯合利華主要依靠「買買買」。

　　前面提到，2016 年，聯合利華以 10 億美元收購了 Dollar Shave Club。在收購之後，聯合利華擴大了 Dollar Shave Club 的服務範圍，於 2017 年新增牙膏訂閱服務，於 2018 年新增古龍水和刮鬍膏訂閱服務。

　　2019 年 2 月，聯合利華宣佈從投資公司凱雷集團手中收購英國零食訂購品牌 Graze。瞭解此次交易的人士對《金融時報》透露，該次收購價格在 1.5 億英鎊左右。Graze 創立於 2008 年，前期以網站為銷售管道，通過訂閱寄送的模式為消費者提供包含健康、無人工添加劑的堅果和果乾等的可定製混合零食盒。2012 年，Graze 被凱雷集團收購。

　　Graze 的訂閱服務分為 3 類，具體如下。

　　（1）3.99 英鎊 / 周。每週給用戶送一次零食盒（用戶可以自己決定在哪一天送），包含四包小零食，每週搭配都不相同。使用者可以提供自己的喜好資訊，

Graze 會根據使用者喜好選擇零食種類，大種類有無糖、低脂、素食、高蛋白等。

（2）5.99 英鎊 /6 盒。用戶可隨時購買，包含六盒同一口味的零食。

（3）2.99 英鎊 / 袋。使用者根據需要按袋購買。

Graze 的訂閱模式贏得了眾多消費者的認可，對其他品牌來說，這是很好的借鑒。

2019 年 1 月 21 日，聯合利華推出護膚品牌 Skinsei。

Skinsei 是一個直接面向消費者、以健康為靈感的個性化定製護膚品牌，由聯合利華副總裁 Valentina Ciobanu 領導的五人團隊開發。用戶需要先填一份問卷，主要是有關用戶生活習慣的問題，包括飲食習慣、接觸污染和日照的時間、睡眠時間、鍛練頻率和壓力水準等。在用戶填完問卷後，網站會根據回卷為客戶定製一份個性化護膚解決方案，該解決方案由 Skinsei 幾十種不同產品組合而成，可能的組合多達 100 萬種。消費者可以通過按月訂閱或一次性購買的方式成套購買 Skinsei 產品：三件產品的按月訂閱價格為 45 美元 / 月，一次性購買價格為 49 美元；五件產品的按月訂閱價格為 69 美元 / 月，一次性購買價格為 79 美元。

另外，聯合利華還通過 SunBasket 品牌推出下廚懶人包商品，進軍食品零售市場。

2.1.3 高露潔

2018 年 7 月，高露潔投資了隱形眼鏡訂閱公司 Hubble。Hubble 成立於 2016 年，其在官網上銷售按月或按年訂閱的日拋型隱形眼鏡，不向用戶收取運費。由於面臨銷售壓力，高露潔打算通過 Hubble 的線上訂閱管道銷售牙膏和牙刷。根據雙方協議，Hubble 為部分高露潔產品開發一條新的線上訂閱管道，以牙齒護理產品為主。

高露潔擁有 Tom's 等牙膏品牌，其品牌組合的多元化在一定程度上有很好的自我保護作用，但訂閱電商來勢兇猛，仍讓高露潔「措手不及」。

在高露潔的起家業務——口腔護理領域，已經有企業取得了訂閱模式的成功。紐約智慧電動牙刷創業公司 Quip 通過訂閱服務讓客戶定期更換刷頭和牙膏，牙刷價格是 25 美元起，牙膏和刷頭的價格均為 5 美元；於 2015 年成立的 Goby，提供 50 美元的電動牙刷和 6 美元的刷頭；Public Goods 銷售 9.99 美元的

可更換刷頭的非電動牙刷。這些新興品牌通過提供線上訂閱服務推動銷售，其產品（如電動牙刷）有一個固定的起步價格，會員後續可以線上訂閱相關的產品和服務，「套餐」包含需要定期更換的刷頭和牙膏，另外，平台會提供及時的送貨上門服務。

類似的訂閱公司都提供比老牌零售商更便宜的產品，避開傳統的在廣告上「大撒錢」的方式，將預算用於社群媒體行銷，給傳統零售帶來了一定的威脅。

2.2 零售業

2.2.1 沃爾瑪

沃爾瑪不僅在傳統線下零售領域推出了訂閱服務，而且在拓展的線上服務中也大力推廣訂閱模式。

在配送方面，沃爾瑪推出了一項名為「無限配送」的雜貨配送服務，在此之前，消費者只能線上訂購商品並在當地商店免費取貨，或者在購買時支付不超過 9.95 美元的運費。但現在，消費者可以用 98 美元 / 年或 12.95 美元 / 月的費用進行全年或全月訂閱。消費者只需通過 Walmart Grocery 下單食品、雜貨等，然後選擇時間段等待商家配送即可。

2012 年，沃爾瑪正式推出美食訂閱服務 Goodies。用戶每月只需支付 7 美元，就能收到沃爾瑪寄來的 一個裝著 6~8 件美食的盒子（零售價為 15 美元）。跟市面上其他競爭者一樣，沃爾瑪美食包同樣走獨特和新奇路線，其中的美食包含手工、有機、無麩質等健康食品，而且都是從沃爾瑪供應商和新興公司採購的。舉例來說，沃爾瑪某個月主題為「簡單的快樂」的美食包，包含酒味餅乾、南瓜蛋奶酥、白切達乳酪、爆米花等美食，可以說相當誘人了。

Goodies 的用戶每月支付的 7 美元包括稅費和物流費用，對用戶來說，這是相當划算的。相比之下，主打健康小食的訂閱公司 Sprigbox 每月會給用戶寄 10~13 件小食，價格是 26.95 美元；Love With Food 每月會向用戶寄 8 件食物，收取 10 美元的費用；Pop-Up Pantry 主打餐食的訂閱盒每月也要 17 美元。

2018 年 1 月，沃爾瑪與日本電商巨頭樂天合作，在日本和美國的線上商店銷售有聲讀物、電子書和電子閱讀器，還出售各種實體書籍。這個名為 Walmart eBooks 的新服務擁有超過 600 萬種圖書，從暢銷書到獨立遊記、兒童書籍，應有盡有。訂閱服務的價格為每月 9.99 美元起。

2019 年，沃爾瑪宣佈與 Kidbox 合作。這是一家類似 Stitch Fix 的服裝訂閱公司，專注於提供兒童服裝。用戶每年可以從由沃爾瑪網站購買多達六個不同的盒子，每個盒子包含 4~5 件物品，售價為 48 美元。用戶可以選擇留下盒中所有物品，無須支付額外費用，或退還所有物品並收到退款。「與 Kidbox 的合作夥伴關係使我們能夠利用其他國家的優質兒童品牌來完善自身的產品。」美國沃爾瑪電子商務業務負責人 Denise Incandela 表示。

2.2.2 亞馬遜

自 2007 年起，針對一些日用消費品，如家居用品、美容產品、嬰兒用品、寵物用品、辦公用品等，亞馬遜推出 Amazon Subscribe & Save（訂閱並保存）服務。用戶可以在 1~6 個月任選週期，而且在美國境內免郵費，其價格通常是普通購買價格的 85%，即節約 15% 的費用。用戶可隨時取消該項訂閱服務。

這種「訂閱並保存」的訂閱模式在品牌行銷中特別有用，因為它能夠促進使用者重複購買同一產品，提高使用者的忠誠度。商家則可以根據預測報告，查看後續的產品需求，有助於改進庫存計畫。

亞馬遜還有圖書訂閱服務 Kindle Unlimited，Kindle Unlimited 的推出使亞馬遜成為圖書界的網飛，有助於亞馬遜對抗 Oyster 和 Scribd 等圖書訂閱服務的衝擊。與這些初創公司相比，亞馬遜有著雄厚的用戶基礎、數量可觀的電子書資源及非常成熟的 Kindle 服務，這些都有助於其圖書訂閱服務快速攻佔市場。

2016 年，亞馬遜正式推出其視頻串流媒體服務 Prime Video，以挑戰行業先驅網飛。在包括印度、加拿大和法國在內的 19 個國家中，Prime Video 可與亞馬遜 Prime 服務捆綁訂閱。在其他新市場中，Prime Video 用戶前六個月可享受 2.99 美元 / 月或 2.99 歐元 / 月的優惠價，之後每月需要支付 5.99 美元或 5.99 歐元。

2017 年，亞馬遜推出了一項針對孩子家長的訂閱服務 STEM Club。通過該服務，亞馬遜每月向家長寄送 STEM 玩具盒，包含機器人及與自然科學相關的玩具、學習材料等，每月的費用為 19.99 美元。亞馬遜圍繞科學、技術、工程、數學等主題，針對不同年齡段的孩子人工挑選並寄送訂閱盒，保證教材、玩具等

的難易度與兒童需求相匹配。STEM Club 的 STEM 教材對應的年齡範圍分為三個年齡段：3~4 歲、5~7 歲和 8~13 歲。用戶在預訂後，首款教材會在一周內到貨，其餘產品則在餘下一個月內分批送達，運費全免。

2018 年，亞馬遜又推出了 Prime Wardrobe 訂閱服務，允許消費者在家中試穿服裝後再決定是否購買。年費為 99 美元的 Prime 會員可以在亞馬遜網站上百萬件服裝中挑選至少 3 件商品，顧客在收貨後 7 天內進行試穿並決定是否留下，若保留 3~4 件單品，可獲得 9 折優惠，保留 5 件及以上，則可享受全單 8 折的優惠。這種形式類似於 Stitch Fix 和 Trunk Club，但不同的是，亞馬遜允許用戶先試穿後付款。Prime Wardrobe 一個最突出的賣點是便捷退貨——顧客只需把需要退貨的商品放回快遞盒並把盒子擺在門口，之後會有快遞員上門取貨，顧客甚至不需要在場，這徹底解決了網購退貨難的問題。

2.3 電影

2.3.1 迪士尼

2018 年 5 月，網飛市值超越迪士尼，成為全球最大的媒體公司，這引發了媒體關於文娛公司「一哥」的爭論。

迪士尼作為全球影視「老大」，自然不甘心被「年輕」的網飛超越，很早就開始利用自己的內容優勢佈局視頻訂閱業務。早在 2017 年，迪士尼就宣佈了在串流媒體業務上的重大計畫——於 2019 年啟動線上娛樂串流媒體服務，並通過自建兩個新的串流媒體服務，分別向消費者直接提供 ESPN 體育節目和家庭影片的播送服務。

2018 年 4 月，迪士尼率先推出了 ESPN+ 串流媒體服務，希望能在有線電視之外「開拓疆土」。截至 2018 年 9 月，ESPN+ 的訂閱量已經突破了 100 萬。

2019 年 5 月，迪士尼再度加碼串流媒體訂閱業務，宣佈將從康卡斯特手中獲得對視頻網站 Hulu 的「全面營運控制權」，並且有望在五年後實現100% 控股。

2019 年 11 月，集合眾多獨家內容的 Disney+ 正式上線，定價為每月 6.99 美元，無廣告，支援流覽器、遊戲主機、智慧電視及移動設備等多平台，所有內容都可下載以離線觀看。Disney+ 還提供了包年選項，年費為 69.99 美元。

再加上服務印度市場的 Hotstar，迪士尼旗下的 4 大視頻訂閱平台已全部就位。

迪士尼主打的 Disney+ 主要有兩個優勢。

（1）迪士尼的獨家內容。

除「漫威電影宇宙」作品、《星球大戰》系列、皮克斯動畫及國家地理頻道等經典內容外，熱門電視劇《曼達洛人 The Mandalorian》、音樂劇《漢密爾頓 Hamilton》等 IP 大作也都上線了 Disney+。

除了既有的項目儲備資源，25 部原創劇集、10 部原創電影和特別節目獨家入駐 Disney+，包括「抖森」(湯姆 . 希德勒斯頓 Tom Hiddleston) 主演的《洛基》、伊莉莎白·奧爾森和保羅·貝坦尼的回歸之作《旺達幻視 Wanda Vision》、安東尼·麥凱和塞巴斯蒂安·斯坦連袂的《獵鷹與冬兵 The Falcon and the Winter Soldier》等 3 部漫威獨立劇集，以及以安多上尉為主角的《俠盜一號 Rogue One: A Star Wars Story》前傳。除此之外，音樂劇版《歌舞青春 High School Musical》、真人版《小姐與流浪漢 Lady and the Tramp》、《怪獸電力公司》衍生片、喬恩·費儒編劇並監製的《曼達洛人 The Mandalorian》等也赫然在列。

（2）相對低廉的價格。

Disney+ 的訂閱費為 6.99 美元 / 月，ESPN+ 的訂閱費為 4.99 美元 / 月，Hulu 的訂閱費低至 5.99 美元 / 月。相比之下，網飛的基礎、標準和高級三款套餐的定價分別是 8.99 美元、12.99 美元和 15.99 美元，均相對較高。

迪士尼首席財務官 Christine McCarthy 透露，2020 年，迪士尼將投資 10 億美元用於 Disney+ 的原創內容製作，2024 年，這一投入將達到 25 億美元。Disney+ 於 2019 年 11 月正式推出，截至 2020 年 4 月，已經擁有超過 5000 萬名用戶，遠超預期。Disney+ 的目標是在五年後每年產出 50 部原創作品，在全球範圍內收穫 6000 萬~9000 萬名訂閱用戶。加上已擁有堅實基礎的 ESPN+ 和 Hulu，迪士尼未來的訂閱用戶將超過 1 億人。

在這場真金白銀的影音訂閱「白刃戰」中，迪士尼和網飛呈現出「一攻一守」的態勢，傳統霸主和新晉巨頭之爭將是一場長跑競賽。

2.3.2　AMC 影院

在北美地區，平均一部電影的票價為 9~15 美元，《復仇者聯盟》等一線好萊塢大片的票價甚至高於 30 美元。但是，有了 MoviePass 卡，用戶每月只需支付 9.95 美元的訂閱費用，就可以在指定電影院任意觀影。這張卡相當於一張儲蓄卡，刷卡可立即獲得電影票，額外的費用由 MoviePass 公司向電影院補齊。這意味著在很多時候，用戶在一個月內看一部電影就可以「回本」。創新的模式與低廉的價格使 MoviePass 的訂閱用戶在短期內從 2 萬人激增至 300 萬人。

面對 MoviePass 給影院行業帶來的威脅，美國最大的連鎖影院 AMC 迅速推出了自有電影訂閱產品——AMC Stubs A-List。

按照 AMC Stubs A-List 的規則，使用者在訂閱這款產品後，每月只需支付 19.95 美元，即可每週在 AMC 的電影院中觀看不超過 3 部電影，不限影片與時間。另外，飲品（蘇打水）和零食（爆米花）可免費升級，同時免除選座費、快遞費及線上票務費。對偶爾才看一場電影的人來說，19.95 美元的包月費用或許並不划算，但對經常看電影的影迷來說，AMC Stubs A-List 還是非常值得考慮的。

與 Moviepass 不同，AMC Stubs A-List 用戶可以提前訂購電影票，也可以觀看 IMAX 和 3D 電影，無須支付額外的費用。2018 年 9 月，AMC 宣佈 AMC Stubs A-List 用戶可以在 Atom 和 Fandango 上訂票，兩者均為美國當地使用人數較多的票務服務。

在 AMC 推出電影包月訂閱服務的初期，很多人並不看好。不過，AMC 影院很快就吸引了超過 60 萬名訂閱用戶，超出業界預期，成為該行業最成功的產品之一。

美國第三大連鎖影院 Cinemark 也很快跟進，推出了包月觀影服務 Movie Club，使用者數量增長也很快。

為何國外電影市場會將目光放在電影票包月訂閱服務上？

曾有媒體對美國和加拿大的觀影統計資料進行分析，結果顯示：2017 年，在超過 2 歲的用戶中，有 76% 的人一年至少看一場電影；12% 的人每月至少看一場電影；53% 的人個別月觀影不到一次，但每年觀影多次；11% 的人每年看一場電影；24% 的人一年一場電影也不看。根據統計資料，約有 49% 的電影票收入來自每月至少看一場電影的人，57% 的人處於 12~38 歲年齡區間。用戶在進入

影院後的花費所貢獻的利潤占總利潤的一半以上。

雖然觀影人數增速放緩，但市場卻一直在擴大。2017 年，美國和加拿大的觀影人次僅為12.4億（創1992 年以來的最低紀錄），卻帶來了111 億美元的市場。2018 年，美國和加拿大的票房高達 119 億美元，觀影人次為 13 億，同比增長了5%。

目前，各院線正在上調票價和特許價格，以彌補客流減少帶來的損失。包月訂閱服務為觀眾提供了優惠的觀影方案，吸引的多是對價格敏感但喜歡看電影的觀眾。這些觀眾在觀影選擇上具有搖擺不定的特點，往往會受優惠價格的吸引。如此一來，包月訂閱服務便可以很好地激發這部分觀眾的觀影興趣。

2.4 軟體

2.4.1 微軟

微軟最知名的兩大產品——Windows 作業系統和 Office 辦公軟體從誕生起，在很長一段時間裡都採取買斷付費制，用戶一次付費，獲得永久授權。微軟是依靠桌上型電腦作業系統「起家」的企業，隨著桌上型電腦的逐步衰亡，微軟轉型雲端計算和訂閱模式，營業收入保持穩健增長，市值不斷創新高。

在 2009 年矽谷嵌入式系統大會上，微軟公佈了可以通過 MSDN Embedded 訂閱並免費下載的 Microsoft Visual Studio 2008 專業版，以及 Windows Embedded 開發者更新服務，拓展了 Windows Embedded 的「軟體加服務」平台，並為開發者提供了一個更經濟的獲取微軟平台和工具授權許可的方式，開發者可以獲得技術支援和及時的軟體升級。MSDN Embedded 及 Windows Embedded 開發者更新服務使微軟全球 MSDN 社區用戶可以通過統一的訂閱途徑，獲取微軟豐富的嵌入式平台系列產品和技術。

Microsoft Visual Studio 2008 專業版的 MSDN Embedded 訂閱服務建立在傳統的 MSDN 基礎上，可免費下載，同時增加了新的優勢——開發者只要訂閱一次，就能獲得多種微軟作業系統、技術支援和其他資源。訂閱內容包含 Visual Studio 的軟體發展工具套件及 Windows Embedded 平台和技術，MSDN Premium 訂閱用戶還能通過 MSDN Embedded 獲取相關資源。

2011 年 6 月 28 日，Office 365 正式發佈。Office 365 是基於 Microsoft Office 套件的雲端辦公方案，包括免費的 Office Online、Skype for Business、Outlook Web、SharePoint Online 等。

Office 365 以收取訂閱月費或年費的模式取代 Microsoft Office 2010 及以前版本的單次收費模式。借助 Office 365 訂閱計畫，用戶可獲取全套 Office 應用程式：Word、Excel、PowerPoint、OneNote、Outlook、Publisher 和 Access（Publisher 和 Access 僅支援桌上型電腦），並且可以在多種設備（桌上型電腦、Mac、安卓平板電腦、安卓手機、iPad 和 iPhone 等）上安裝 Office 365。此外，用戶還可享受各種適合家庭使用的服務（如 OneDrive 網路硬碟），可始終使用最新版本的 Office 應用程式。

Office 365 用戶數量變化如圖 2-4-1 所示。

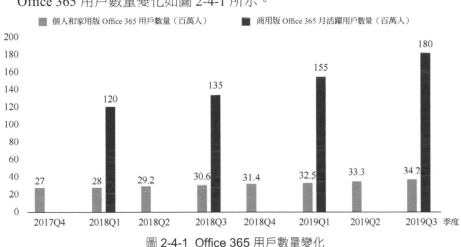

圖 2-4-1　Office 365 用戶數量變化

Office 365 在國外的售價是 99 美元 / 年或 10 美元 / 月。Office 365 在中國的售價人民幣 398 元 / 年（個人版），包含 1TB 的 OneDrive 儲存空間、Office 2019 家用版等多項內容。訂閱制使其用戶數量大幅增加，2019 年第三季度，商用版 Office 365 的月活躍用戶超過 1.8 億人，個人和家用版 Office 365 的訂閱用戶增長至 3,420 萬人。

微軟的 Office 核心產品已經從 Office 2019 變為 Office 365，從一次性授權的商用永久版變為付費訂閱的持續更新版。訂閱制提升了複購率及收入的持續性和

穩定性，公司也可以把更多的精力放在打磨產品而非促進銷售上，好的產品意味著高的使用者黏性。

Office 365 訂閱模式在推出後的前幾年時間裡，只是作為傳統軟體分發模式的一種補充。而現在的情況已經完全改變，微軟將最主要的精力放在 Office 365 上，而把軟體分發作為補充。從傳統授權模式向訂閱模式的轉變，具有一定的必然性。

2019 年，微軟宣佈將在桌上型電腦上推出遊戲訂閱服務 Xbox Game Pass（XGP），和影音視頻網站會員類似，每月收取固定的費用，玩家可以無限制地暢玩超過 100 款遊戲，包括《極限競速：地平線》系列、《光環》系列、《戰爭機器》系列、《帝國時代》系列。

遊戲訂閱服務最早在主機平台上出現，目前 Xbox One 有 XGP，PS4 有自家的金會員和 PS Now，EA 有 EA Access，育碧平台有 Ubi Access。谷歌和蘋果相繼宣佈將在移動平台上推出手機遊戲訂閱服務 Play Access 和 Apple Arcade。各大廠商紛紛將遊戲訂閱服務擴展到其他平台，原因正是之前在主機平台上的嘗試獲得了成功。

在某種程度上，微軟將 XGP 發展成一個連接玩家與電遊的橋樑，玩家可以透過這種成本較低的方式嘗試不同類型的遊戲，甚至買下心儀的遊戲，而遊戲又能以最快的速度觸及玩家。對於很多剛剛開始「入坑」的玩家，如果不是特別明確地想玩某款遊戲，先通過 XGP 服務體驗一下各類遊戲是很好的選擇，一來能夠試玩大部分主流遊戲，二來能快速瞭解自己到底適合哪一類遊戲。

2.4.2 SAP

SAP 成立於 1972 年，截至 2018 財年，SAP 的全球客戶數達到 42.5 萬人，員工總數近 10 萬人，是 ERP 行業名副其實的全球領導者。從市場份額來看，2017 年，SAP 在 ERP 行業的市場份額超過 20%。

傳統 ERP 系統基於 20 世紀末設計的業務流程和軟體架構，這些架構的設計目的並不是處理、分析、應用資料。隨著社會的持續發展及管理理念的創新，傳統 ERP 系統越來越難以滿足企業基於快速變化的市場形勢靈活、快速決策的需求，應運而生的企業管理軟體雲化產品正在改變 ERP 行業。

在 Salesforce 等訂閱制 SaaS 軟體企業的競爭下，SAP 的業績受到很大影響。2010 年，SAP 開始從傳統的一次性購買模式向訂閱模式轉型。

對傳統 ERP 公司來說，向「雲端＋訂閱」轉型無疑是艱難的，主要原因在於，產品設計思想的不同導致產品架構、運行邏輯、代碼等都需要進行根本性的轉變。對 SAP 這種業務遍及全球、擁有超過 10 萬員工的傳統企業來說，業務轉型是對公司戰略能力的一次巨大考驗。

SAP 的雲端訂閱戰略轉型總體來說是「兩條腿，一起走」，一方面，對傳統管理軟體進行反覆運算，以滿足雲部署需求；另一方面，打造全新的基於雲的生態體系。從結果來看，SAP 將外延並購的 SaaS 公司及部分內部研發的應用程式納入基於雲的商務套件，並通過構建 PaaS 平台（SAP Cloud Platform），打造足以和企業管理 SaaS 公司抗衡的雲生態。

自 2010 年 SAP 開啟雲端訂閱戰略轉型以來，其內部打造的主要產品均向雲部署方向轉型。SAP 的雲端訂閱收入占比由 2010 年幾乎可以忽略不計的 0.1% 提升至 2018 年的 20.2%，如圖 2-4-2 所示。

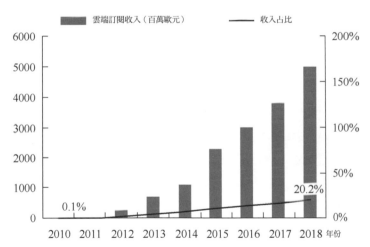

資料來源：SAP 年報、東方財富證券研究所。

圖 2-4-2 SAP 的雲端訂閱收入變化

2.5 科技

2.5.1 蘋果

2019 年 3 月 26 日凌晨，蘋果公司在新品發佈會上推出了 Apple Arcade、Apple TV+ 和 Apple New+，沒有發佈任何新硬體，訂閱服務是這場發佈會的核心。蘋果正全面由「硬」轉「軟」，再加上此前的 Apple Music 訂閱服務，蘋果已經構建了從新聞、音樂、影音內容到線上遊戲的內容訂閱佈局。

（1）Apple Arcade。

在訂閱 Apple Arcade 服務後，使用者可以按月付費，任意玩 Apple Arcade 上的各類遊戲，無須逐個購買。

Apple Arcade 在 iOS 和 macOS 平台上同步推出，用戶只需支付一次費用，就可以訂閱 2 個平台的原創遊戲，包括 The Pathless、Lego Brawls、Hot Lava、Oceanhorn 2 和 Beyond a Steel Sky 等遊戲。

滙豐銀行的分析指出，預計到 2020 年，Apple Arcade 可以實現 3.7 億美元的收益，而到 2022 年、2024 年，收益更會高達 27 億和 45 億美元。

（2）Apple TV+。

Apple TV+ 對標網飛，提供蘋果公司製作的原創影視內容。Apple TV+ 免廣告，所有點播內容都支援離線觀看，面向全球 100 多個國家和地區。為了製作優質內容，Apple TV+ 與導演 Steven Spielberg、製片人 J. J. Abrams 和女脫口秀主持人 Oprah Winfrey 等知名創作者合作，推出了一系列原創節目。

用戶可以通過 iOS、Mac、Roku、Fire TV 及協力廠商電視上的新 Apple TV 應用訪問 Apple TV+，也就是說，使用者不需要擁有蘋果設備即可使用該服務。

（3）Apple News+。

2018 年 3 月，蘋果收購了提供雜誌訂閱服務的技術供應商 Texture。在 Texture 已有服務的基礎上，蘋果發佈了新聞訂閱服務 Apple News+。Apple News+ 擁有超過 300 種雜誌（包括娛樂、時尚、新聞、政治、健康、生活方式和旅遊等類別），以及 LA 時報、華爾街日報等，每月收費 9.99 美元。

根據《紐約時報》的報導，在 Apple New+ 推出後，其訂閱用戶在 2 天內超過 20 萬人。儘管在 48 小時後，訂閱人數的增長速度開始放緩，但考慮到 Apple

New+ 服務還將加入更多雜誌等因素，Apple New+ 的訂閱人數還會持續增長。

2.5.2 谷歌

谷歌旗下有 Android、YouTube、Google Play 應用商店等多種產品，其中很多都開始採用訂閱模式。

2014 年，YouTube 試水訂閱制，同年 11 月，其推出 Music Key 訂閱服務，訂閱費為 9.99 美元 / 月，為用戶提供來自 YouTube 和 Google Play Music 的免廣告、後臺播放和音樂下載功能。2015 年 10 月，YouTube 推出 YouTube Red，取代 Music Key。YouTube Red 將免廣告功能拓展到所有影片中，並創立 YouTube 原創內容品牌。

YouTube Red 的運作模式：將會員費的 45% 作為平台收入，其餘的 55% 根據使用者的實際觀看情況分配給對應的創作者，以彌補廣告分成的減少。在原創內容端，電影方面主要生產 90~120 分鐘的內容，電視劇系列生產電視劇、綜藝、真人秀等 10~50 分鐘的內容。截至 2019 年 5 月，其原創內容的總時長達到 366 小時，品類超過 100 種。

YouTube Red 在原創內容上的初始思路：依託低成本的製作內容，將知名創作者的粉絲轉化為訂閱會員。於 2016 年 2 月上線的首批 4 檔內容以頭部「網紅」為主角，包括由 YouTube「第一網紅」PewDiePie 主演的《驚嚇 PewDiePie》，該節目還原了 PewDiePie 玩過的恐怖電遊場景，節目核心是整蠱 PewDiePie。

2017 年 4 月，谷歌推出 YouTube TV，費用是 35 美元 / 月，包括 ABC、CBS、FOX、NBC 等 40 個頻道。截至 2018 年年底，YouTube TV 共擁有 100 萬付費訂閱用戶，行業排名第四。

2018 年 5 月，YouTube Red 被拆分為 YouTube Premium 和 YouTube Music，YouTube Premium 保留了 YouTube Red 的免廣告、原創內容功能，而 YouTube Music 則是獨立的會員服務。YouTube Music 主打音樂影片播放功能，結合使用者在 YouTube 上的歷史觀看資料和音樂喜好為使用者定製音樂流，提供個性化音樂體驗。

2019 年 6 月 7 日，谷歌公佈了遊戲訂閱服務 Stadia 的細節資訊；2019 年 11 月，Stadia 正式發佈。有了 Stadia，玩家可以直接玩遊戲，而無須購買深拷貝檔或將

大量檔下載到遊戲機中。這項服務適用於各類硬體，玩家無須額外購買設備。Stadia 就像是線上電玩界的網飛。

Stadia 搭載谷歌自己的連接設備 Chromecast 及無線電子遊戲手柄。Stadia 的訂閱費為 10 美元 / 月，低於網飛的 12.99 美元 / 月。支付 129.99 美元，用戶便可獲得 Chromecast、手柄及三個月的 Stadia 服務。

Stadia 付費會員可以暢玩幾十款遊戲大作，每月可獲得 3 款免費贈送的遊戲，可以體驗高達 4K/60fps 的高清畫面及 5.1 環繞立體聲。

2.6 服裝

2.6.1 愛迪達

愛迪達推出的 Avenue A 是特別為女性準備的「季度性神秘禮物」，愛迪達希望通過這種訂閱模式吸引更多女性消費者。

訂購 Avenue A 的使用者每個季度都會收到一個由愛迪達寄送的神秘盒，包含 3~5 件當季運動裝備，通常是跑鞋、運動服及其他運動配件。每個盒子的價格為 150 美元，盒子中的裝備有的是可以在零售店買到的，有的則是限量版或原創設計產品。因此，對享受這一訂購服務的使用者來說，每一個盒子都是一份驚喜。

愛迪達表示，自身在運動裝備的選擇方面會緊跟時下潮流，在不失運動功能性的前提下，追求更加時尚的款式。Avenue A 的首次裝備搭配由國際知名健身教練 Nicole Winhoffer 完成，其中包括 Pure Boost X，這是一款愛迪達首度為女性量身打造的跑步鞋，於 2016 年 2 月 1 日正式上架。

本質上，Avenue A 類似日本的福袋，消費者對商品的期待感是其最具吸引力的地方。Avenue A 規定：用戶可以退回其中的殘次品、更換尺碼不合適的商品，但不能僅因為自己不喜歡而退貨。也就是說，用戶的消費是存在一定風險的。所以，一部分人可能就只想「嘗個鮮」，導致該服務很難長期留存使用者。

此外，提升女性市場佔有率也是愛迪達推出 Avenue A 的目的之一。運動和健身正在推動全球女性的生活方式發生轉變，運動品牌紛紛嘗試女性運動細分市場，女性運動愛好者數量的不斷增加讓品牌商們更加聚焦於此。

2.6.2　GAP

GAP 是美國大型的服裝公司之一，於 1969 年創立，當時只有屈指可數的幾名員工。而現在，其是擁有 5 個品牌（GAP、Banana Republic、Old Navy、Piperlime、Athleta）、3200 多家連鎖店、16.5 萬名員工且年營業額超過 130 億美元的跨國公司。

2017 年，GAP 推出「70 美元 6 件嬰幼童服裝」的訂閱服務。

GAP 面向年輕父母推出該項服裝盒子訂閱服務，訂閱者每年可以獲得 4 個 GAP 嬰幼童服裝盒子。每個盒子包含 6 件當季服裝，售價為 70 美元，GAP 稱，如果按照單價計算的話，每個盒子的價值超過 100 美元。

訂閱者有 21 天的時間給自己的孩子試穿這些衣服，不想要的單品可以退貨，退貨產生的運費由 GAP 承擔。此外，訂閱者可以按照自己的需求選擇推遲或跳過某個季度的盒子，直接取消訂閱盒不會產生額外費用。

這項訂閱服務最初只向購買頻次較高的用戶開放，經過一段時間的嘗試，GAP 宣佈向所有使用者開放該服務。

涉及款式、尺碼的服裝訂閱要比化妝品、刮鬍刀等更加複雜，一旦消費者對收到的服裝不滿意，物流成本就會隨之增加。

對傳統服裝零售商 GAP 而言，訂閱服務是其摸索消費者購物行為特點的有效途徑。調查公司 Technavio 曾預測，到 2020 年，全球童裝市場將維持超過 6% 的年均複合成長率，GAP 想通過這項服務來分析消費者喜好，從而抓住快速發展的童裝市場機遇。

第 *3* 章

訂閱企業崛起

　　「獨角獸」（Unicorn）是指成立不到 10 年，但估值超過 10 億美元且未在股票市場上市的科技創業公司。在訂閱模式興起後，已經有多家訂閱企業躋身獨角獸之列，如 FabFitFun、JustFab、Peloton。

　　除了獨角獸，還有不少已經上市的訂閱企業，市值也超過了 10 億美元。部分訂閱企業上市情況如表 3-1 所示。

表 3-1　部分訂閱企業上市情況

企　業	上市時間	市　值	創立時間
Stitch Fix	2017 年 11 月	20 億美元	2011 年
藍圍裙	2017 年 6 月	19 億美元	2012 年
哈羅生鮮	2017 年 11 月	18 億美元	2011 年
Zoom	2019 年	235 億美元	2011 年
Slack	2019 年 6 月	230 億美元	2014 年

註：市值為截至 2019 年 12 月的資料。

3.1　FabFitFun

　　FabFitFun 於 2010 年以數位出版物起家，三年後，其演變為訂閱平台，提供全品類（包括美妝、時尚、食品、健康、科技、家居）的泛生活方式訂閱包。

　　FabFitFun 的訂閱會員每個季度都會收到一個根據個人喜好定制的禮盒 FabFitFun Box，內含 4~8 款不同的產品，總價值約為 200 美元，而每個季度的訂閱費僅為 49.99 美元。此外，會員還可以享受 FabFitFun TV 的視訊服務，該服

務按需提供健康、家居等不同內容的視頻直播，包含 750 多種健康課程、化妝教程、烹飪視頻等。在 FabFitFun 的線上社群中，會員還可以通過社交媒體獲得各種推薦資訊或購買獨家商品。

除了為消費者提供獨特的價值主張，FabFitFun 還幫助各種品牌吸引受眾。每個季度，FabFitFun 都會為合作品牌定制節目，如在社交媒體上利用名人推廣產品、策劃活動等，從而使品牌與用戶建立更親密、持久的聯繫。

2018 年 10 月，FabFitFun 會員數量突破 100 萬人。雖然 FabFitFun 拒絕透露具體的收入，但據報導，其 2018 年的收入已超過 2 億美元。

近年來，FabFitFun 也像許多其他品牌一樣，嘗試線下的經營方式，如開設快閃店，讓消費者在店裡搭配屬於自己的 FabFitFun 禮盒。

2019 年年初，FabFitFun 宣佈獲得了 8000 萬美元的 A 輪投資。本次投資由 Kleiner Perkins 領投，New Enterprise Associates 和 Upfront Ventures 參投。在獲得投資後，FabFitFun 將擴大會員的服務範圍，並推動全球化擴張。另外，其還將聘用更多的資料分析專家，繼續提升消費者的個性化定製體驗。個性化是繼續擴大消費者規模的關鍵。為了定制產品，FabFitFun 對每位客戶進行了個性調查，並利用機器學習等技術挑選產品。

FabFitFun 聯合創始人 Daniel Broukhim 在對外採訪中說：「我們的使命是激發人們的幸福感。基於我們獨特的互動社群和體驗，世界各地的人們都來 FabFitFun 發現新產品，並且持續參與。我們正在努力思考的問題是，如何為消費者創造更加獨一無二的體驗。正是這種對訂閱會員概念的深度關注推動了我們的發展。」

Daniel Broukhim 表示，除美國外，FabFitFun 還在開發加拿大市場，並在對其他全球市場進行初期評估。

Kleiner Perkins 普通合夥人 Mood Rowghani 認為，FabFitFun 已經成為一個全新的分銷管道，大家都希望把零售業務帶到消費者參與度最高的平台中。該公司的互動社群使品牌能夠更好地理解消費者並與消費者互動，從而建立一種長期的聯繫，而不僅僅是一筆交易。

3.2　JustFab

JustFab 的註冊地是美國，其於 2010 年 2 月 1 日成立。2014 年，該公司獲得 8500 萬美元 D 輪融資，由 Technology Crossover Ventures、Matrix Partners、Shining Capital、Passport Capital 聯合投資。

JustFab 是一台電商平台，採用的是 VIP 會員訂閱＋普通按需購買模式。凡是加入 VIP 會員專案的用戶，每月只要保證 39.95 美元的最低消費，就可以享受 VIP 優惠，所有商品的價格保持在 39 美元左右。而普通按需購買的用戶則無法享受這些優惠，商品價格為 49~79 美元。目前其提供的商品主要是面向女士的鞋、包及飾品。

登錄 JustFab 的網站可以發現，網站首先會讓使用者選擇自己喜歡的產品類型，然後根據使用者的喜好為其量身選擇產品組合。同時，該網站會引導用戶進行 VIP 會員註冊，在註冊後為使用者提供個性化的私人服務，如特殊的產品組合及促銷活動，並為會員提供大力度的優惠服務。不過，在成為會員後，使用者每月需要保證 39.95 美元的最低消費，否則系統將每月自動從使用者帳戶中扣除一定額度的會員費。

JustFab 看重產品的獨特性，很多商品都是廠家特意為 JustFab 網站設計的，同時，JustFab 還為會員提供明星、名人等的搭配指導，再加上免費送貨、優惠購物等措施，JustFab 擁有較高的用戶忠誠度。JustFab 發言人表示，在其網站上購物但不註冊會員的消費者，所占比例不足 1%。

2013 年 9 月，JustFab 在洛杉磯開設了第一家線下旗艦店，VIP 會員可以用網站的優惠價格進行購物，而普通消費者則需要支付比網站標價更高的費用。為幫助旗艦店設計師掌握庫存情況，Justfab 專門開發了一款應用，該應用同時也可為消費者創建願望清單，以發現消費者的其他需求。

JustFab 在未來獨特的發展之路上，還會開發出更多的服務，可以預想到的主要有獨有價格（根據會員等級確定不同的價格）、獨有資源（提前為會員提供新貨）、獨有服務（禮賓服務和風格定制）、獨特體驗（與名人設計師互動和虛擬時裝展）等。

3.3　Peloton

派樂騰 Peloton 於 2012 年在紐約成立，2018 年 8 月，其完成 5.5 億美元的 F 輪融資，2018 年的估值超過 40 億美元。Peloton 提供基本的健身單車套件及鞋子、啞鈴、耳機和心率監測器等配件。除了健身單車，Peloton 在 2018 年秋季還推出了一款可連網的跑步機。

然而，Peloton 並不是一家運動器材零售公司，事實上，按照其聯合創始人兼 CEO John Foley 的發言，Peloton 不是硬體公司，而是內容公司。通過健身器材上的螢幕，用戶可以接受教練的遠端指導。目前 Peloton 公司提供的課程包括跑步、競走、徒手訓練、拉伸、瑜伽和力量訓練等，使用者需要訂閱至少一個月的課程。

健身單車的售價約為 2,000 美元，跑步機的售價約為 4,000 美元。除此之外，每月的課程訂閱費為 39 美元，總價格可以說是相當高了，但這並沒有阻擋人們的消費熱情。Peloton 的健身單車和跑步機獲得了健身器械市場 7.3% 的占比，訂閱用戶也超過了 100 萬人。

Peloton 最主要的一款產品為「智慧腳踏車」，這款動感單車最大的亮點在於，其在車身前端設計了一個螢幕，除了同步顯示運動資料和分析結果，使用者還能通過螢幕在運動的同時觀看 Peloton 的直播課程。直播課程為訂閱服務的附加服務，均為 Peloton 獨立錄製的影片，在不同時間段有不同的課程安排，相當於一個 24h×7 的動感單車房。單車自帶麥克風和攝影鏡頭，使用者可以和教練線上交流，還可以關注與自己一同健身的其他用戶。目前，臉書上已經有不少成員數量上萬的 Peloton 討論群組。單車還會計算使用者的熱量消耗，並顯示在大螢幕上，形成參與訓練的用戶的熱量消耗排行榜。有教練的示範、車友的互動，還有熱量消耗排行榜的激勵，人們可以足不出戶享受高品質的單車課程。

Peloton 的課程也可以通過獨立的應用軟體進行訂閱和觀看，對大部分用戶來說，既然訂閱了課程，就會「順手」買一台動感單車。

Peloton 的模式是「產品＋服務」，比較簡單，雖然定價不低，但 Peloton 仍能保持較快的用戶增長速度並成為獨角獸的原因在於，它通過課程、互動、數據分析、成果激勵等解決了大多數人都會面對的「運動惰性」問題。

隨著銷售額的逐漸上升，在 2014 年和 2015 年，Peloton 在美國開出了 7 家

體驗型門店，同時支持線上訂購。公司在 2015 年年底實現盈利，2016 年、2017 年連續兩年收入翻倍。2016 年，Peloton 的年收入達到 6000 萬美元，2017 年、2018 年的年收入分別為 1.7 億美元、3.7 億美元。

Peloton 的成績令人印象深刻。根據 Peloton 公佈的資料，平均每架單車每月能被使用 13 次。Peloton 的付費流媒體服務擁有超過 100 萬訂閱用戶，續購率高達 96%，甚至高於以高續購率（93%）著稱的網飛。早在 2018 年年底，Peloton 就已經超過 SoulCycle，成為單車領域的龍頭企業。

Peloton 的成功在很大程度上歸因於其新的硬體結構和在此基礎上搭建的內容付費訂閱模式，這種模式與網飛類似。

網飛製作的內容是電視劇、電影，而 Peloton 製作的內容則是健身影音內容課程。網飛的視頻是否受歡迎，與哪個明星主演關係很大，而 Peloton 的課程是否受歡迎，則與教練是否有媒體魅力有關。因此，Peloton 努力把教練培養成魅力十足的健身明星。這種將教練當作明星培養的思路，讓 Peloton「捧出」了不少教練「網紅」，成為另類「網紅」孵化基地。另外，網飛用大資料指導內容生產，Peloton 同樣如此。Peloton 的課程研發團隊會投入大量時間收集使用者的騎行資料、心跳情況、運動節奏、線下課程出勤率、回饋意見等，由此確定課程最佳時長和課程內容。

為提升品牌知名度、增強與用戶的互動、方便錄製課程，Peloton 在全美開設了 60 多家體驗店。在每次直播課程時，都有用戶去體驗店參與錄製，而在家鍛練的使用者則通過線上方式進行參與。

分析人士表示，高品質的訂閱內容是 Peloton 出奇制勝的關鍵，既提高了用戶留存率及課程的互動性和趣味性，也讓其與傳統家用健身產品區別開來。Peloton 總裁威廉姆·林奇表示，公司有志成為「健身界網飛」，今後也將和網飛一樣，保持對內容製作的大手筆投入。

相對於傳統健身房，Peloton 具有以下幾大優勢。

（1）消除了距離限制。傳統線下健身房需要使用者在訓練時到場，而 Peloton 使有健身需求的人隨時可以在家中健身。

（2）Peloton 推出的訂閱內容包含教練的即時指導和教學。即使在家庭場景中，直播模式下的教練和學員也能進行有效互動。例如，學員的運動參數可以在直播中即時展示，另一端的教練能夠清楚地看到學員的即時運動參數，並可隨時

進行錯誤糾正或動作指導。

（3）互動健身模式保留了真實的社交感和有效的社交途徑。在 Peloton 的互動健身模式下，學員不僅能和教練進行交流，還可以和其他學員進行互動。而且，利用 Peloton 的資料記錄模式，學員之間可以相互看到對方的運動資料，在同一個健身項目愛好和同一個健身環境的驅動下，用戶之間自然就有了社交的慾望和行動。

3.4　Stitch Fix

Stitch Fix 成立於 2011 年，為使用者提供服裝訂閱服務。Stitch Fix 會員可以選擇每月、每兩個月或每季度收取 Stitch Fix 衣服盒子，每個盒子內有 5 件衣服，用戶在試穿後可購買喜歡的衣服並免費退回剩餘的衣服，購買的件數不同，獲得的優惠也不同，如果沒有購買其中任何一件衣服，使用者需要支付 20 美元的設計費。

Stitch Fix 公司內部的 80 位資料科學家利用數據幫顧客挑選最合適的衣服。Stitch Fix 基於使用者每一次的選擇，儲存大量的使用者個人資料，不斷優化搭配方案，從而更好地滿足用戶需求，降低退貨率。Stitch Fix 在 IPO 資料中提到：「數據資料是公司前進的動力。」基於不斷增加的個性化資訊，Stitch Fix 開發了一套人工智慧演算法，能夠根據使用者風格、財力精準選擇服飾。Stitch Fix 也因此成為不受零售巨頭亞馬遜威脅、股價持續攀升的科技公司。

對消費者來說，Stitch Fix 這項訂閱服務的好處是可以省下自己購買衣服和退換貨的時間，提高消費便利性並獲得造型服務；而 Stitch Fix 則可以通過對消費者偏好資料的分析，創造比傳統服飾零售商更佳的庫存周轉率。

3.5　**藍圍裙**

半成品食材服務可以說是現代人生活形態改變的產物，將經過洗切處理的食材、調味料、食譜等直接包裝成箱、宅配到府的半成品食材服務，讓忙碌而無法花費太多時間料理三餐的家庭也可以輕鬆愉快地和家人一起享用自己烹調的美食。這種服務不但能夠幫消費者節省採買、備菜的時間，也大量減少了廚餘量，

還能夠滿足消費者偶爾想要自己煮飯的需求。

根據 AC Nielsen 於 2018 年公佈的美國生鮮食品市場調查結果，消費者在半成品食材、美食外送、生鮮電商方面的花費，成長幅度高於大賣場、超市、便利商店、餐廳、速食店、雜貨店等傳統通路，其中又以半成品食材的成長率最為驚人，比美食外送的成長率高出 3 倍之多。

美國的半成品食材風潮由藍圍裙（Blue Aron）帶起，再加上來自德國的哈羅生鮮（Hello Fresh）自 2012 年開始崛起，兩者聯手炒熱市場，2016 年，美國半成品食材市場規模已擴大到約 15 億美元，在 2017 年更出現爆炸性的 3 倍增長，達到約 50 億美元。

成立於 2012 年的藍圍裙以訂閱的方式每週為使用者配送食材，平均每人一餐花費 9.99 美元、一周花費約 59.94 美元。

藍圍裙以半成品食材配送服務為主，提供當周食譜，用戶按照喜好及人數下單，工廠對食材進行半加工後出貨，之後用戶按照附帶的食譜操作，就能輕鬆完成菜品。這種商業模式近年來相當受歡迎，全球約有 150 多家公司正在搶奪這個價值 15 億美元的市場。

根據藍圍裙申請 IPO 的文件，三分之一以上的用戶的年齡為 25~34 歲，約四分之一的用戶的年齡為 35~44 歲，主要用戶相對比較年輕。

2017 年，藍圍裙以每股 10 美元公開上市，共售出三千萬股，獲得 3 億美元資金。

藍圍裙創立的初衷是節省用戶到超市購物、思考今日食譜的時間，同時，用戶可以享受烹調的過程，但不需要擔心購買過多的食材。另外，藍圍裙直接與農場合作，以管控食材品質。

如何維持消費者持續訂閱的意願，是藍圍裙面臨的最大挑戰。根據購買分析公司 Cardlytics 的資料，超過一半的食材訂閱用戶會在初次體驗後的 6 個月內取消訂閱，影響因素可能是訂閱費用或用戶自身的烹飪慾望。

3.6　哈羅生鮮

創立於 2011 年的哈羅生鮮 HelbFresh 提供集食譜策劃、烹飪指導、食材購買、包裝和遞送於一體的訂閱包服務，營運範圍涵蓋美國、德國、英國和荷蘭，月配

送約 400 萬份餐食。

食譜套餐的平均費用為每人每餐 10~13 美元，共有三種套餐可供選擇，分別是快速烹飪餐、素食餐和家庭餐，用戶可選擇雜食 / 素食。一般來說，訂閱包每週遞送一次，包含 3~4 餐的食材，用戶可自行選擇食材分量、遞送時間。

哈羅生鮮食材訂閱包的服務特色：

(1) 食譜以西餐為主，具有全球特色；

(2) 烹飪指南清晰易懂，使用者可在 30 分鐘內輕鬆搞定兩人餐；

(3) 食材新鮮，包裝分量恰到好處；

(4) 熱量、食物過敏原等標註清晰；

(5) 每週食譜自選，可最大限度地貼合個人口味；

(6) 訂閱靈活，可隨時暫停。

2012 年年初，哈羅生鮮創始人以歐洲人口密度最高的地區為目標，開始在柏林、阿姆斯特丹、倫敦配送食材；之後，為了應對越來越多的需求，公司開發了一種物流模式，能在指定的國家配送到戶。2012 年 12 月，哈羅生鮮登陸美國東海岸。2013 年，哈羅生鮮進入高速發展期。2014 年 9 月，哈羅生鮮配送範圍覆蓋了整個美國。2015 年，公司的配送範圍擴展到 3 個大洲的 7 個國家。2017 年年底，哈羅生鮮完成 IPO 定價。2018 年，哈羅生鮮收購 Green Chef，市占率超越藍圍裙。

3.7 Zoom

Zoom 成立於 2011 年，其將移動協作系統、多方雲端視訊交互系統、線上會議系統無縫融合，為用戶打造便捷易用的一站式聲音影像交換、資料共用技術服務平台。2019 年 4 月 18 日，Zoom 成功在納斯達克上市，受到投資者的追捧，2020 年 8 月，其總市值高達 687 億美元（在 2017 年 D 輪融資下，Zoom 的估值僅為 10 億美元）。

Zoom 的核心產品為視訊通信雲端平台，可以基於電腦、手機、電話和公司視訊會議室等多終端，實現大規模接入的高可靠、低延時的視訊會議。從公司發展歷程我們可以看到，在最早的 Zoom Meetings 基礎產品之後，公司基於客戶需求不斷研發新的產品，除了 Rooms、Chat、Phone 等自有應用產品，公司還開

發了可以對接協力廠商應用的應用市場 Marketplace，與美股 SaaS 巨頭 Slack、Salesforce 等均有合作。

2019 年，Zoom 擁有超過 75 萬名客戶，約 6900 家教育機構在使用 Zoom 的產品，其中包括 90% 的美國 Top 200 大學。

Zoom Meetings 主要提供 4 種類型的產品，分別為個人會議產品、針對小型團隊的產品、針對中小型企業的產品及針對大型企業的產品，產品價格分別為免費、14.99 美元 / 月、19.99 美元 / 月、19.99 美元 / 月。客戶可以根據會議的參會人數、時間等選擇最合適的產品。同時，Zoom 還為企業提供以軟體為基礎的會議室解決方案、網路研討會、雲錄製儲存等多種產品。

終端使用者的體驗是核心，Zoom 致力於打造具有最佳使用者體驗的產品，花費了大量時間傾聽客戶的意見。在大部分情況下，Zoom 團隊會通過 Zoom 的視訊會議收集客戶回饋，並根據客戶回饋進行調整。Zoom 還定期監控淨推薦值（NPS），目前 Zoom 的得分為行業領先的 69 分。Zoom 提供 365 天全天候（24h×7）的客戶支援，形式包括線上即時聊天、電話和視訊，在 2019 財報年最後 3 個月的時間裡，其客戶滿意度超過 90%。公司提供和銷售產品的方式也以客戶體驗為導向，視訊會議功能可供所有人免費使用（不超過 40 分鐘）。免費增值服務和令人滿意的使用者使用體驗是 Zoom 客戶購買產品的主要動力。

3.8　Slack

Slack 最初是一個為支持 Glitch（一款網頁端大型多人線上遊戲）而開發的溝通協作工具，結果最後 Glitch 失敗了，Slack 卻奇跡般地生存下來。Slack 的開發始於 2012 年年底，2013 年 8 月，Slack 開始內測，2014 年 2 月，Slack 公開發佈。在產品開發的過程中，Slack 創始人 Stewart Butterfield 和他的團隊仔細聽取了早期使用者的回饋意見，對產品進行了調整和完善。Slack 的透明性和集中化吸引了眾多用戶的加入。2014 年 8 月，Slack 日活用戶數量已達 17.1 萬人；2014 年 11 月，日活用戶數量增至 28.5 萬人；2015 年 2 月，日活用戶數量達到 50 萬人。根據其招股書，2019 年 1 月，其日活用戶數量已達 1000 萬人。

與此同時，Slack 日益受到資本市場的青睞，從 C 輪到 H 輪，Slack 共融資約 12 億美元。2019 年 4 月 26 日，Slack 正式向美國證券交易委員會（SEC）提

交了上市申請；同年 6 月 20 日，Slack 在紐約證券交易所以 DPO（Direct Public Offering，直接公開發行）的形式直接掛牌交易，代碼為「WORK」。在上市首日，Slack 股價開盤較 26 美元的發行價漲超 50%，市值一度突破 230 億美元。

Slack 將產品的核心功能鎖定在「搜索」「同步」「檔案分享」上。

（1）搜索功能：在 Slack 上，用戶可以隨時隨地通過搜索來獲取自己所需的任何資訊；

（2）同步功能：Slack 專注於打造一個能夠相容多平台、多設備並能在不同平台設備上同步使用的產品；

（3）檔案分享功能：Slack 專注於開發一個能夠快速黏貼圖片或能夠通過簡單的拖曳操作分享檔的簡單、直觀的使用者介面。Slack 也憑藉這些功能迅速獲得了大量早期用戶，其中很多用戶基本上全天都在使用 Slack。

同時，Slack 非常關注用戶體驗與需求，具有以下幾種特點。

（1）安裝簡單，Slack 能夠與其他各種產品與服務相容，同時能夠做到像電子郵件一樣安全可靠。

（2）Slack 會評估幾乎所有的客戶回饋，以保證使用者體驗。2015 年，Slack 的用戶體驗團隊已經有 18 名全職員工了，其中有 6 名員工在 Twitter 上提供全天候支援。

（3）Slack 對表情符號的支援非常受使用者歡迎。Slack 的商標、格子標籤圖示等反映了工具的社交敏感性，成為一個強大的通向 Slack 其餘產品的門戶。

2017 年、2018 年、2019 年，Slack 的付費用戶數量分別為 3.7 萬人、5.9 萬人和 8.8 萬人，淨留存率分別為 171%、152%、143%。

Slack 以兩種方式非常巧妙地實現了用戶留存。

一是利用「鉤型模型」（Hook Model）鼓勵使用者對 Slack 進行投資。使用者發送的每一條消息、上傳的每一份檔及共用的每一個表情回覆符號都推動了使用者參與度的提升。這在一定程度上也解釋了為什麼 Slack 會將發送 2000 條消息作為關鍵指標。

二是避免在付費計畫背後設置溢價功能，採用免費增值的服務模式。與其他企業通信工具相比，Slack 的免費產品和付費產品幾乎沒有區別。唯一的區別是可以索引和搜索的消息數量，以及可以連接的團隊數量。通過將 Slack 的絕大部分功能免費提供給用戶，Slack 對有意試用該產品的中小型團隊變得更具吸引力，

而 Slack 的低價使得從免費用戶升級到付費用戶的成本非常低。

　　以協力廠商應用為中心的可擴展性是 Slack 的核心特色功能。Slack 將工作中所有碎片化的資訊介面整合在一起，使得使用者可直接在會話視窗快速調用協力廠商應用、收發協力廠商應用的通知，完成即時通信、收發郵件、檔案儲存等各類工作，避免了用戶頻繁切換不同應用的不便，提高了企業 / 團隊的內部協作效率及資訊的利用率。例如，如果集成了 Dropbox 或者 Google Drive，在預設情況下，Slack 使用者可以在聊天室中直接上傳和儲存檔案，而不需要切換到其他程式視窗進行操作。Slack 已經與 Heroku、Zendesk、Google Drive 等協力廠商服務合作，整合了電子郵件、短信、GitHub 等 65 種主流工具和服務，集成的應用多達數千個。

第 **4** 章

生態體系崛起

　　隨著訂閱經濟的發展，各種相關的協力廠商服務快速成長。這些協力廠商服務大大促進了訂閱經濟的發展，與眾多訂閱企業一起構成訂閱經濟的生態體系。訂閱經濟第三方服務企業如圖 4-1 所示。

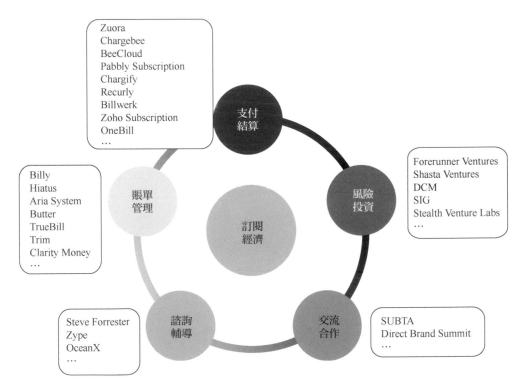

圖 4-1 訂閱經濟第三方服務企業

4.1 帳單管理

Billy 的目標是幫助使用者輕鬆管理線上訂閱付費帳單（訂閱音樂、電影或其他服務所產生的帳單）和固定支出，主要透過追蹤用戶的近期帳單和定期支出實現這個功能。目前 Billy 主要追蹤的是一些按月付費的帳單，如房租、話費，以及用戶從 Dropbox、Apple Music、Spotify、Playstation Plus、Evernote、Google Drive、網飛等網站上訂閱服務所產生的帳單。

Hiatus 成立於 2015 年，兩位聯合創始人是 David Callis 和 Todd Gower，他們希望幫助用戶瞭解自己是否重複訂閱了某項服務。2017 年，Hiatus 宣佈獲得了一筆 120 萬美元的種子輪融資。實際上，Hiatus 的解決方案並不複雜，在和用戶的銀行帳戶進行關聯後，通過瞭解哪些扣費項目是重複的，就能識別出用戶的重複付費訂閱專案。在很多情況下，使用者會忘記自己曾經訂閱了哪些服務，而且有些服務甚至會「暗地裡」扣費，由於金額不大，很容易被用戶忽略。

Hiatus 每月都會在自動扣費交易發生之前，給使用者發送通知，如果發現惡意扣費專案，用戶可以通過手機、電子郵件或直接登錄網站進行取消。

Hiatus 還推出了一項全新服務——利用帳單協商工具幫用戶省錢。如果用戶覺得自己每月的訂閱費過高，那麼就可以通過該工具與服務提供者進行溝通協商。Hiatus 在獲得用戶授權後，會代表用戶與服務提供者進行協商——在確保服務品質不變的情況下，讓使用者支付的費用有所減少。舉個例子，如果用戶選擇了移動營運商 38 元 / 月的資料套餐，獲得 200MB 的資料流程量，那麼在 Hiatus 的幫助下，用戶獲得 200MB 的資料流程量可能只需 28 元 / 月。

Hiatus 採用和使用者分成的收入模式，從節約的資金中分成一半。使用者有兩種支付方式，一種是提前預付，另一種是按月分期支付。當然，如果 Hiatus 沒有幫用戶省錢，使用者則不需要支付任何費用。

其他類似的訂閱帳單管理工具還有 Butter、Aria System、TrueBill、Trim、Clarity Money 等。

4.2 支付結算

祖睿（Zuora）於 2007 年在美國矽谷創立，是目前矽谷成長最快的公司之一。祖睿創始人、首席執行官左軒霆曾是 Salesforce 的早期員工之一，在離職前擔任首席行銷官，離職後，左軒霆創辦了祖睿。

祖睿幫助企業線上管理用戶訂閱、計費和支付等業務，解決在提供訂閱服務的過程中面臨的問題，包括如何定價、通過什麼管道支付、如何提升訂閱率、如何避免流失率上升等。祖睿的願景是幫助企業在訂閱經濟中取得成功。

祖睿創立之時正是全球金融危機時期，不少產業大鱷轟然倒下，多數企業開始縮減開支，然而祖睿卻在「品嘗」創新帶來的成果：其以 400% 的年營業額增長成為矽谷年營業額增長最快的 SaaS 公司；在 2010 年第一季度達成了 10 億美元的客戶交易流通額；第一代產品發佈剛兩年，就擁有近 200 家客戶，並且現金流為正。

祖睿的 Z-Billing 和 Z-Payments 產品幫助企業在同一個解決方案中方便快速地發佈新產品、擴大營運規模，並實現定期計費和支付。Z-Force 產品又將 Z-Billing、Z-Payments 和 Salesforce 集成在一起，幫助企業銷售他們的訂閱產品和服務。Z-Commerce 是第一個為雲端運算開發人員開發的商業平台，客戶可以是 Java、Ruby、Force 或臉書的協力廠商雲端運算開發者，通過 Z-Commerce 商業即服務式的解決方案，開發者只需寫幾行代碼就可集成計費、支付和訂閱管理等服務，從而使自己的雲端運算服務實現盈利。Z-Billing 2.0 是第一個完整的訂閱企業計費解決方案，還可以幫助客戶清楚地看到那些驅動業務增長的具體指標。Z-Payments 2.0 是第一款專門管理訂閱式商務整個定期付款週期的產品，可以幫助訂閱企業接收任何形式的付款，實現自動化異常處理，減少計費和付款爭執，從而縮短收賬週期。

另外一家比較知名的是訂閱支付系統服務商是 Chargebee。

2018 年，Chargebee 獲得 2470 萬美元的投資，擁有來自 53 個國家的 7000 多名客戶。

Chargebee 提供支付閘道中立型訂閱計費解決方案，接入了 Stripe、Braintree、PayPal、Adyen 等其他支付閘道。Chargebee 為不同行業的 B2B 和 B2C 訂閱企業提供支持。Chargebee 幫助客戶推出其新業務並將業務拓展至新國家，客戶無須擔心合規、稅務規定、語言、貨幣甚至新營收模式等問題。

Chargebee 聯合創始人、首席執行官 Krish Subramanian 表示：「我們看到，在世界範圍內，訂閱業務呈現出強勁的發展趨勢，而且其定價和產品捆綁方式頗具創新力。」打造一個可持續的訂閱業務是十分困難的，要求商戶持續地交付產品價值和客戶服務，而這一點則讓計費成為一個關鍵的任務系統，因為計費能夠為打造可擴展的業務提供所需的靈活性：一方面能夠提供流暢的客戶體驗，另一方面能夠在監管日漸嚴格的全球經濟環境下確保合規。

BeeCloud、Pabbly Subscription、Chargify、Recurly、Billwerk、Zoho Subscription、OneBill、PayWhirl、Cartfunnel、GoTransverse、BillingPlatform、Apttus、SAP Hybris、Digital River 也提供訂閱支付管理系統。靈活度、自動化程度和資料分析功能是眾多訂閱支付結算系統的差異化之處。

4.3 風險投資

據不完全統計，截至 2020 年 8 月，已有 10 多家訂閱企業上市，上百家訂閱企業獲得風險機構的投資。獲得投資的訂閱企業不完全統計如表 4-3-1 所示。

表 4-3-1 獲得投資的訂閱企業不完全統計

訂閱企業	融資金額	投資機構	IPO/ 併購
藍圍裙	1 億美元	Fidelity Management、Research Company、Stripes Group、Bessemer Venture Partners、First Round Capital	2017 年 IPO
Marley Spoon	5300 萬美元	QD Ventures、Kreos Capital、Lakestar、GFC	2018 年 IPO
哈羅生鮮	3.69 億美元	GFC	2017 年 IPO
Dollar Shave Club	1.6 億美元	Foreunner Ventures、Venrock、Comcast Ventures、New World Ventures、Battery Ventures、Technology Crossover Ventures	被聯合利華收購
Ipsy	1 億美元	TPG Growth、Sherpa Capital	—

（續表）

訂閱企業	融資金額	投資機構	IPO/ 併購
BirchBox	1,.276 億美元	Forerunner Ventures、Accel Partners、Glynn Capital、Viking Global Investors、First Round Capital、Aspect Partner、Consigliere Brand Partner	—
Glossybox	7,200 萬美元	Rocket Internet、Kinnevik Online	被 THG 收購
Stitch Fix	4,250 萬美元	Benchmark、Structure Capital、Baseline Ventures、Lightspeed venture Partners	2017 年 IPO
Abox 壹盒	數千萬美元	紅杉資本中國基金、XVC、DCM、金沙江創投、險峰長青、初心資本、真格基金	終止營運
垂衣	3000 萬美元	光合創投、清流資本、SIG、雲九資本、螞蟻金服	—
小鹿森林	數百萬美元 天使輪	真格基金、金沙江創投	—
TheLook	數百萬美元 A 輪	貝塔斯曼亞洲投資基金、矽谷投資基金、SV Tech、真格基金	—
秘盒幻想曲	數百萬元 天使輪	道生資本、深圳群達科技	—
Rockets of Awesome	1,950 萬美元 C 輪	Forerunner Ventures、General Catalyst、August Capital、Female Founders Fund、Launch Incubator	—
Snackoo	400 萬美元	山東經緯集團、NERA Capital、Westlake Venture、Heda Venture、LYVC、IR Capital	—
MollyBox（魔力貓盒）	數百萬美元 A 輪	DCM、九合創投、原子創投	—
超能小黑	2,000 萬元 A 輪	聯想之星、博創瓴志、梅花創投、真格基金、遠鏡資本	—
花點時間	數億元 B 輪	經緯創投	—
網飛	91.7 億美元	TVC	2002 年 IPO
聲田	4 億美元	TVC、Tiger Global、騰訊、索尼、Creandum	2018 年 IPO
One Medical	2 億美元	J.P. Morgan Asset Management、PEG Digital Growth Fund II L.P.、AARP Innovation Fund L.P.、Google Ventures、Benchmark Capital、DAG Ventures	—
MoviePass	600 萬美元	HMNY	被 HMNY 收購

（續表）

訂閱企業	融資金額	投資機構	IPO/ 併購
Farmer's Dog	810 萬美元 A 輪	Shasta Ventures、Forerunner Ventures、 Collaborative Fund、SV Angel	—
Canva	4,000 萬美元	Shasta Venture、紅杉資本中國基金、 Blackbird Ventures、Felicis Ventures	—
祖睿	1.54 億美元	Shasta Venture、黑石資本、格雷洛克、Passport Capital、Index Ventures、Greylock Partners、 Benchmark Capital、Redpoint Ventures、 Next World Capital、Vulcan Capital	2018 年 IPO
FabFitFun	1.1 億美元 A 輪	凱鵬華盈、Upfront Ventures、恩頤投資（NEA）、 500 Startups、Draft Ventures、 Anthem Venture Partners	—

　　根據 PitchBook 的資料，2016 年，獲得風險投資的訂閱創業企業數量達到創紀錄的 70 家，2017 年、2018 年分別為 56 家和 50 家，雖然數量有所下降，但 2018 年，這項業務創下了超過 12 億美元的資本投資記錄，這可能是由於行業日趨成熟並因此產生了更大的價值。獲得風險投資的訂閱創業企業數量和投資金額如圖 4-3-1 所示。

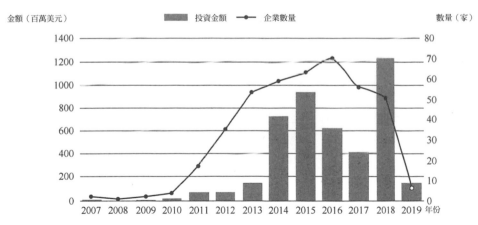

註：2019 年的數據為截至 2019 年的月的數據。

圖 4-3-1　獲得風險投資的訂閱創業企業數量和投資金額

紅杉資本中國基金、DCM、真格基金、SIG、螞蟻金服、貝塔斯曼亞洲投資基金、黑石資本、Google Ventures、Benchmark Capital、Y Combinator 等中國外知名風險投資機構紛紛大舉進入，這充分說明了資本對於訂閱模式的看好。網飛、聲田等知名上市企業在資本市場中表現良好，更激勵了眾多投資機構對訂閱創業企業的投資興趣。

在所有看好訂閱模式的投資機構中，值得注意的是一個名為 Forerunner Ventures 的基金，該基金投資了 BirchBox、Glossier、Dollar Shave Club、Rockets of Awesome、Ritual 等多家明星訂閱企業。2010 年，Forerunner Ventures 對化妝品訂閱服務公司 BirchBox 等進行了一次性投資。在僅有 500 萬美元的投資資金時，Forerunner Ventures 向 Dollar Shave Club 投資了 100 萬美元。專門面向女性的維生素供應商 Ritual 在 2015 年獲得 Forerunner Ventures 種子輪投資。

Shasta Ventures 是 Dollar Shave Club、祖睿、Farmer's Dog、Perfect Coffee、Imperfect Produce、Smule、Hinge、Zwift、Canva 等數十家訂閱企業的投資機構。Shasta Ventures 是訂閱業務的「忠實擁護者」。

Jason Pressman 是 Shasta Ventures 的合夥人。Jason Pressman 認為，訂閱經濟正在蓬勃發展，並由客戶活動產生的即時資料驅動著。根據沃爾瑪的經驗，Jason Pressman 相信，在未來 20 年的時間裡，商業模式將完成從一次性購買到持續訂閱的巨大轉變。因此，Jason Pressman 在 Shasta Ventures 的主要投資方向就是訂閱創業企業。訂閱模式能為消費者帶來巨大的便利性和靈活性。

Stealth Venture Labs 也投資了很多訂閱創業企業：配飾訂閱 Coastal、運動休閒服飾訂閱 Yoga Club、生鮮訂閱 Home Chef、神秘盒訂閱 Hunt-A-Killer、多肉植物訂閱 Succulent Studios 等。

4.4 諮詢輔導

除了很多投資機構給訂閱創業企業以資金支持，還有很多機構／人專門面向訂閱創業企業提供諮詢輔導服務。

Julie Ball 是訂閱網站 Sparkle Hustle Grow 的創始人，也是一個女性創業者社區的領導者。同時，她也是一個訂閱盒教練，幫助創業者開創訂閱事業。Julie Ball 建立了一個訂閱盒加速營專案（一個 6 個月的線上課程），涉及各種工具、

範本，涵蓋訂閱企業從創立到發展的各階段。

Steve Forrester 通過訂閱加速器計畫，幫助創業者快速開啟一項訂閱業務，相關培訓分為四大模組。

（1）模組一：開啟計畫，選擇一個有利可圖的長尾市場，設計產品及有吸引力的包裝，開設網站；

（2）模組二：獲得更多訂閱用戶，行銷並推廣業務；

（3）模組三：提高客戶留存率，讓訂閱者長久訂閱；

（4）模組四：快速擴張訂閱業務。

另外，Zype 專注於影音內容訂閱網站建置，還有向訂閱企業提供行銷服務的 SocialWithin、提供訂閱資料分析服務的 Sublytics、提供一站式服務的 OceanX。有了這些完善的協力廠商服務，創建一個訂閱網站就變得非常輕鬆，「隨時」就可以搞定。

4.5　交流合作

隨著訂閱企業越來越多，供大家交流、合作的平台就變得非常有必要了。

SUBTA 是一個知名的訂閱協會，其全稱是 Subscription Trade Association，目的是促進訂閱行業的交流、合作和發展。

SUBTA 是第一個也是目前唯一的聚焦訂閱主題的協會。在加入 SUBTA 後，會員可以獲得全面的行業資料、精選的訂閱新聞資訊、專業的研究報告，還可以參加各種研討會及加入線上社群。SUBTA 的會員服務也是以訂閱方式提供的，個人月度會員費是 57 美元，個人年度會員費是 397 美元，團體年度會員費是 997 美元。

SUBTA 每年會舉辦兩場圍繞訂閱主題的大會，一場是 Recur，另外一場是 SubSummit。SubSummit 是一個聚焦訂閱經濟的大會，為期 3 天，參與者有訂閱初創企業、知名的訂閱企業、風險投資家、協力廠商服務機構等，一般涉及 100 多名演講者、100 多家相關企業及 1,000 多名與會者，是一個訂閱案例分享、學習交流的平台。另外，SubSummit 還會組織評獎，評選出各細分領域的優秀訂閱企業，如最佳寵物訂閱盒、最佳設計訂閱盒、最佳訂閱初創企業、最佳客戶服務訂閱盒等。SubSummit 設有路演環節，初創企業可以盡情展示自己，以贏得風險

投資機構的投資。

此外，還有 Direct Brand Summit、The Recurring Revenue Conference、Media Subscriptions Summit 等圍繞訂閱主題的會議。

4.6 小結

訂閱模式在各行各業的廣泛應用，以及圍繞訂閱經濟形成的生態體系的完善，充分說明訂閱經濟已經形成規模並走向成熟，成為一種不可忽視的新商業模式。

第 **5** 章

訂閱經濟到底是什麼

　　傳統的牛奶訂閱、報紙訂閱等已經延續了很長時間，但其並不是本書所討論的訂閱模式。前文論述的網飛等訂閱企業所採用的訂閱模式與傳統訂閱模式有很大差別，作者稱之為「訂閱經濟」。如同傳統零售和新零售的區別，雖然表面看起來都是零售，但背後的很多理念和方式是截然不同的。

　　訂閱經濟到底是什麼呢？作者認為，在與其他商業模式進行比較的過程中，一個新模式的概念可以清晰地呈現出來，我們並不急於下一個嚴謹但晦澀的定義。

5.1 訂閱經濟和傳統訂閱模式的區別

　　17 世紀，期刊和報紙出版商開創了訂閱模式，傳統訂閱模式起源於此時。

　　中國的報刊訂閱主要是通過郵局進行的。讀者查閱郵局編印的《報刊目錄》，選好要訂閱的報紙或期刊，然後按郵局的要求填寫「報刊訂閱單」或「報刊訂閱清單」，寫清楚戶名、住址、報刊名稱、報刊代號、訂閱份數、訂閱起止日期等，然後交費。在訂閱時間方面，郵局一般從每年 10 月 1 日開始收取次年出版的報刊費用。如果讀者訂閱了一年的報紙，那麼郵局工作人員會每天投遞報紙到讀者的信箱中；如果訂閱了一年的按月出版期刊，那麼讀者每月都會收到期刊。

　　訂閱經濟和傳統訂閱模式相比，相同點在於預付 + 定期支付。然而兩者產生的時代背景不一樣，背後的主導思維和運作邏輯有很大區別。訂閱經濟是產生在網際網路、大數據、人工智慧這些技術背景下的，與傳統訂閱模式有巨大差異。

　　首先，在支付方面，訂閱經濟是完全自動化進行的。以前受限於支付技術，

支付以人工手動操作為主，到期後無法自動續訂。訂閱經濟則採用第三方支付或信用卡授權方式，一次簽約，後期自動續訂。關於支付週期，傳統訂閱模式的支付週期一般在 1 年以上，而訂閱經濟一般以月為週期，甚至以周、天為週期，這也得益於支付技術的發展，相比以往更加便利。同時，訂閱也變得更加靈活，用戶隨時可以訂閱或取消訂閱，從而可以吸引更多訂閱用戶。因此，傳統訂閱模式的應用僅限於有限的幾個行業，而訂閱經濟卻能很快地擴展到幾乎所有行業中。

其次，在產品和服務方面，傳統訂閱基本是補貨類型，每期都是同種產品，或者同一產品的更新版，比較單調。在訂閱經濟下，通過大資料和人工智慧打造的推薦引擎可以高效率地匹配海量產品和海量使用者，催生了網飛的海量資料庫訂閱模式、Stitch Fix 的精準推薦模式、Ipsy 的驚喜盒子模式等多元化的訂閱類型。

最後，在營運方面，在訂閱經濟下，訂閱企業各流程都數位化了，可以進行以資料驅動的精細化營運；而傳統訂閱模式的數位化水準很低，營運比較簡單粗略。

打個比方，傳統訂閱模式如同百年之前基於馬匹的快遞，訂閱經濟則如同基於飛機、高鐵、智慧型機器人等現代交通工具和技術的快遞，二者已經有了質的區別。

5.2 訂閱經濟和會員制的區別

我們去超市、理髮店等消費時，店員通常會問「您要不要辦會員卡」等問題。一些會員卡需要定期交費，然後定期消費，好像和訂閱經濟有類似之處，那麼，這兩者是等同的嗎？

會員制起源於 17 世紀英國的俱樂部，那時的俱樂部帶有濃厚的貴族氣息，是在當時的商業社會發展過程中，同社會層次的人們為創造一種排他性的社交場所而創立的制度，會員一般以男性為主。俱樂部之所以受歡迎，是因為它能夠為會員提供高私密性和近距離的社交氛圍。

在英國和美國，至今仍有一些著名的傳統男性會員俱樂部，如於 1872 年在舊金山建立的「波希米亞俱樂部」（Bohemian Club），很多美國的國家領導人都是該俱樂部的會員。這也說明會員制俱樂部能夠給人以階層歸屬感和自由的社交空間。

最早的會員制是指由俱樂部根據其提供的服務估算出被服務人員（會員）的最大人數以招募會員，然後依據一定的規章制度，為這些會員服務。後來經過發展，會員制的概念也發生了一定改變。現在的會員制通常是指標對特定的消費人群，提供有別於非會員的服務。由於定位及經營目標等的不同，產生了許多不同的機制形態，主要差異在於會員制度、服務條件、收費辦法、對會員承諾的權利及會員應承擔的義務等不同。

中國常見的美容卡、健身卡、超市會員卡等都屬於會員制的產物，消費者在成為會員後可以享受積分、折扣等優惠活動。

在會員制模式下，消費者須繳納會費或者達到一定條件才能成為會員，其購買的是一種資格，商品或服務要另外付費；非會員則沒有消費資格或需要承擔更高的費用。而在訂閱模式下，消費者支付訂閱費就可獲得商品或服務，所有訂閱者都有資格享受服務。

舉個例子：1996 年，沃爾瑪在中國的第一家山姆會員店在深圳開業。山姆會員店規定，消費者要想來店購物，首先得繳納一定的會費，在成為會員後才有資格進入店內購物。個人會員可以辦理一個主卡和兩個副卡，費用分別為 150 元和 50 元。這就是典型的會員制。不過，現在很多會員基本沒有任何加入門檻，只要有消費行為或者提交個人資訊就可以成為會員，會員卡氾濫成災，很多並非嚴格意義上的會員制。

5.3 訂閱經濟和傳統零售的區別

去超市購物、去服裝店買衣服，這些都是傳統零售場景。在這些場景中，消費者和商家一手交錢一手交貨，進行的是一次性交易。而在訂閱模式下，消費者和企業簽訂契約，形成一個長期穩定的關係。只要消費者不退訂，消費行為就會定期持續下去，因而這是一種具有持續性、重複性的多次交易。

傳統零售的本質是賣產品，在交易結束後，消費者和商家的關係就結束了；訂閱模式的本質是賣服務，消費者和商家會進行長時間的定期交易，在訂閱期間，關係會一直持續下去。

5.4 訂閱經濟與定期購買的區別

一些愛思考的讀者可能會想，如果我定期去超市購物，是不是就和訂閱一樣呢？「定期去超市購買生鮮」和「生鮮訂閱」好像差不多啊！定期購買和訂閱到底有沒有區別？區別很大！

定期購買雖然交易次數增多，但依然沒有改變每次交易都是一次性交易的本質，消費者和商家沒有契約關係。

另外，傳統零售也好，定期購買也罷，對消費者來說，交易是主動消費，每次都要挑選商品。而在某種意義上，訂閱模式是被動消費，消費者只需表明自己喜歡的風格或者提供其他個性化資訊，具體的商品和服務由企業來選擇和提供。

5.5 訂閱經濟和共享經濟、租賃經濟的區別

訂閱經濟和共享經濟、租賃經濟雖然有一定交集，但也是有本質區別的，不能混為一談。

共享經濟常見的形式有汽車共用、共乘、公共自行車、共用充電寶等。共享經濟具有弱化擁有權、強化使用權的作用。理論上，在共享經濟體系下，人們可將所擁有的資源有償租借給他人，使閒置資源獲得更有效的利用，從而使資源的整體利用效率變得更高。但事實上，目前大量企業所宣揚的「共享經濟」並不是利用閒置資源，而是製作了那些專門用於「共享」的商品，本質上是「租賃經濟」。共享經濟和租賃經濟的區別如表 5-5-1 所示。

表 5-5-1 共享經濟和租賃經濟的區別

類　　型	共享經濟	租賃經濟
平台	是	否
商業模式	C2C	B2C
資產	輕	重
網路效應	強	弱
市場趨勢	贏者通吃	存在多個玩家

　　租賃經濟是指出租人將某件物品的使用權借給承租人，承租人通過支付酬金，在不獲得該物品所有權的情況下獲得使用權。長期租車、共用單車、共用按摩椅背後的資產都屬於企業，實質上都是租賃經濟，而滴滴、uber 網約車、愛彼迎都是利用分散在社會各處的閒置資源，才是真正的共享經濟。

　　訂閱經濟和共享經濟、租賃經濟的共同點是不看重所有權，而看重使用權。如果共享經濟、租賃經濟採取單次交易的方式，如共用單車騎一次收費 1 元或服裝租賃企業出租一件衣服收取一件衣服的租賃費，就顯然不是訂閱模式；但如果消費者按月付費，然後可以享受無限次騎行或者租賃任何衣服的服務，就屬於訂閱經濟。另外，租賃經濟通常需要消費者交納一定的押金，而訂閱經濟則不需要任何押金。

5.6 訂閱經濟的核心要素

　　通過與傳統訂閱模式、會員制、傳統零售、定期購買、共用 / 租賃經濟等一系列模式進行對比，我們可以清晰地瞭解訂閱經濟。總體來看，訂閱經濟與其他模式的異同如表 5-6-1 所示。

表 5-6-1 訂閱經濟與其他模式的異同

比　較	相同之處	不同之處
傳統訂閱模式 VS 訂閱經濟	定期購買、預付	非自動化支付，模式單一； 自動化支付，模式多元，資料驅動
會員制 VS 訂閱經濟	長期關係	有門檻，買資格； 無門檻，買服務
傳統零售 VS 訂閱經濟	購買商品	一次性交易，現付； 持續交易，預付
定期購買 VS 訂閱經濟	定期購買	一次性交易，現付，主動消費； 持續交易，預付，被動消費
共用 / 租賃經濟 VS 訂閱經濟	使用權	一次性交易； 持續性交易

總體而言，訂閱經濟的核心要素包括持續交易、自動化支付、被動消費和資料驅動。

1. 持續交易

持續交易就是在一段時間內多次交易，如在 1 年的訂閱期內，每月交易 1 次，一共 12 次。持續交易的背後是消費者和企業達成了契約關係，消費者在某時段內按月或按周購買商品或服務。除非消費者取消訂閱，否則企業將持續提供服務，由此構建起消費者和企業的長期關係。

消費者授權企業可以定期從自己的銀行帳戶中自動扣款，以支付訂閱費用。通常來說，每次訂閱交付的量是固定的，之後自動付款的時間不超過 24 個月。

2. 自動化支付

現在大部分訂閱服務都是按月進行的，1 年要進行 12 次支付。自動化支付技術讓支付變得很簡單，並且大大降低了支付成本。只要用戶和企業簽約授權，這 12 次付款都會自動進行，不需要用戶和企業進行任何額外操作。因此，很多企業還推出了更靈活的按周訂閱甚至按天訂閱方案。

自動化支付是訂閱經濟的核心技術，支撐訂閱經濟的大規模發展。

根據 Ardent Partners 的研究，自動化支付可以節省 80% 的支付成本，與傳統的手工操作或基於紙鈔的支付方式相比，自動化支付可以將發票審批的平均時間從 28 天降低至 3 天。

另外，自動化支付還可以大幅減少由人工作業導致的錯誤，資料都保存在雲端，因而更加安全。

3. 被動消費

當我們看書時，我們不停地思考，高度集中注意力，這是一種主動閱讀；當我們看電視、刷新聞和抖音視頻時，資訊不斷釋放，我們被動接受而無須思考太多，這是一種被動閱讀。

同樣的，主動消費就是消費者根據自己的需求主動挑選商品，然後付款拿回

家。不管是通過線下超市，還是通過線上平台，消費者的購物行為都是主動的。
訂閱經濟則能夠利用大資料和人工智慧技術，直接猜測用戶可能喜歡什麼，然後
進行精準推薦。使用者只需提供一些資訊和資料，就可以坐等喜歡的影片、衣服
等自動呈現和送貨到家，然後直接消費即可，這是典型的被動消費。

　　如同今日頭條的圖文資訊流、抖音 / 快手的影音資訊流等，使用者只要刷新
就會有新的內容，訂閱經濟也流式提供用戶所需的商品和服務，一直訂閱一直
有。因此，這種消費方式比主動消費更加輕鬆簡單，受到很多人的歡迎。

4. 數據驅動

　　訂閱經濟產生於 21 世紀，而 21 世紀是一個高度數位化的時代，因而訂閱經
濟天生就是由資料驅動的。訂閱經濟整合使用了大數據、人工智慧、網際網路、
物聯網等最新技術，這些數位化技術成為訂閱經濟不可或缺的重要部分。

　　以服裝訂閱平台垂衣為例，用戶每次的「需求發佈、成功消費、退回貨物」
等行為都會形成資料沉澱，幫助後臺系統更加清晰地描繪使用者「塑像」。

5.7 訂閱經濟的本質

　　在傳統商業中，交易完成，商品送到消費者手上，一次銷售就算完成了。但
是在訂閱經濟中，客戶的第一次訂閱並不意味著銷售的完成，而是銷售的開始。
企業持續提供服務，只有客戶主動取消訂閱，銷售才會結束。

　　對消費者來說，手裡持有的現金相當於對商品的選擇權，購買了什麼商品就
是對什麼商品投出一票。如果和訂閱企業簽約，相當於消費者將自己未來一段時
間內的選擇權讓渡出去了，需要承擔一定的風險。

　　因此，訂閱經濟的本質是，消費者和企業達成一個長期契約關係，消費者讓
渡自己的部分選擇權，企業持續為消費者提供服務。訂閱費用的支付可以視為消
費者認可訂閱平台的服務。在契約訂立之後，訂閱企業才能為消費者量身定制方
案，並尋找真正匹配的商品。訂閱企業與消費者一起不斷完善訂閱計畫，並使雙
方的契約關係變得越來越穩固。

5.8 訂閱經濟為什麼是一種新商業模式

很多人會覺得，訂閱經濟說白了不就是一種新的銷售方式、一種新的支付手段嗎？其實不然。表面來看，訂閱經濟只是新的銷售方式和支付手段，但其背後還有新的分銷模式、新的生產製造流程等，多種元素組成了一套高效運轉的完整系統。因此，訂閱經濟完全可以看作一種新的商業模式。

商業模式指企業價值創造的邏輯。Petrovic 認為，商業模式可以被視為一個商業系統的邏輯，其目的在於創造客戶價值，它存在於真實商業活動的背後，是企業戰略在抽象層面的概念化描述，在公司商業活動執行過程中發揮基礎性作用。商業模式描述了企業如何為自己和客戶創造、交付和獲取價值的基本原理。商業模式的三大核心要素如圖 5-8-1 所示。

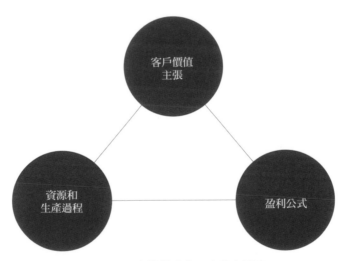

圖 5-8-1　商業模式的三大核心要素

由哈佛大學教授 Mark Johnson、Clayton Christensen 和 Henning Kagermann 共同撰寫的《商業模式創新白皮書（Reinventing Your Business Model）》提到：「任何一個商業模式都是一個由客戶價值主張、資源和生產過程、盈利公式構成的三維立體模式。」

（1）客戶價值主張是指在一個既定價格上，企業向其客戶提供服務或產品時所需完成的任務，包括企業如何定義目標客戶、為客戶解決怎樣的問題、銷售什麼商品及如何銷售等問題。

（2）資源和生產過程是指支援客戶價值主張和盈利公式的具體經營模式。關鍵資源包括員工、技術、裝備、資訊、管道、合作夥伴、品牌等，確保實現客戶價值主張；關鍵流程是指各種規章制度，包括生產、設計、製造、行銷、招聘等流程，以及投資、借貸、採購等規則和標準，確保能夠持續不斷地為客戶提供價值並不斷擴大規模。

（3）盈利公式是指企業為股東實現經濟價值的過程，具體包括收入模式、成本結構、資源周轉速度等。

下面我們就從商業模式的三大核心要素入手，分析訂閱經濟是否是一個完整的體系。

5.8.1　客戶價值主張

在客戶價值主張方面，一般來說，企業可以從用戶解決問題的 3 個障礙來考慮：金錢、時間、技能。網飛、騰訊影音內容等提供的訂閱服務，可以讓使用者每月以比較低的成本觀看上千部電影、電視劇等，為用戶節省了金錢。「男人襪」定期配送襪子，Dollar Shave Club 定期配送刮鬍刀片，這些訂閱服務大大節省了使用者的時間。食材訂閱企業藍圍裙則讓很多不會做菜的年輕人也可以輕鬆做出豐盛的飯菜，幫助不會做菜的「小白」搖身一變成為大廚，掌握做飯的技能。

總體來說，訂閱模式非常適合有一定經濟基礎但又比較繁忙的都市年輕人。各式各樣的訂閱企業將產品或服務打包好，直接送到用戶面前，大大簡化了用戶在衣食住行方面的各項流程，更節省時間、簡單方便。

5.8.2 資源和生產過程

為了支撐客戶價值主張，訂閱企業需要運用大數據、人工智慧、網際網路、物聯網等一系列技術，搭建自動化支付和帳單系統。在訂閱用戶的開發、留存、喚醒及訂閱產品的設計、定價、優化等方面，訂閱企業都有相應的流程和制度。這些確保了訂閱企業可以持續為用戶實現價值主張。

創辦於 2015 年的花加（FlowerPlus）是成立時間最早、規模最大的鮮花訂閱電商品牌，其通過手機端下單、包月制宅配，滿足用戶隨時隨地的用花需求。花加在不到兩年的時間裡，累計註冊用戶數量突破 700 萬人，單月最高銷售額超過 1 億元，在日常鮮花消費這一細分市場裡「風生水起」。

花加的客戶價值主張是「用鮮花點亮生活」，鮮花不該只種在地裡，應該出現在每個人眼前。也就是說，花加關注的是都市人的日常鮮花消費，而非傳統鮮花在節日、紀念日的禮品消費。為了實現這個獨特的價值主張，花加在供應鏈、物流、品牌等各方面都和傳統線下花店截然不同。

在供應鏈方面，花加的上游是鮮花生產商，下游是 C 端用戶，花加是其中的連接者。鮮花是極其嬌嫩的產品，對供應鏈和物流體系的要求很高。花加在創辦早期就開始佈局上游供應鏈和物流體系，建立了前端花田直接採購、中端集中性生產、後端城市終端配送的模式。

2018 年年初，花加在中國建立了超過 8,000 畝的鮮花基地，設有 7 大倉庫、5 萬平方公尺的現代化鮮花工廠，擁有超過 1,000 名產業工人。每週採摘六百萬枝鮮花，每月的發貨數量約為 200 萬盒，平均每秒有 18 位「花友」收到鮮花。

在物流方面，花加將 36 小時準時送達率保持在 95% 以上。在 2018 年「5·25 悅己節」活動期間，花加在上海實現 52,500 萬單鮮花從下單到收貨僅用時 2 小時的極速送達服務，七夕期間這一物流模式在北京成功複製，並將配送時間縮短為 90 分鐘。

與傳統鮮花零售採用常規空運，然後通過二級鮮花批發市場層層向下配送不同，花加採用低溫冷藏運輸方式，通過幹線運輸，將鮮花從產地運輸至分佈在全國各地的鮮花加工基地，再從基地分撥至各大快遞配送網站，最後送到消費者手中。這種物流模式的優勢：全程冷鏈運輸，損耗更小；相比傳統空運，成本更低；能夠滿足消費者的即時消費需求；提供的花材更加多樣，並且全程標準化管理，

能給用戶帶來更好的消費體驗。

花加在行銷和品牌方面很有創意和創新能力。例如，其打造了明星同款包月套餐及多種不同價位的產品包，開發了具有獨家配方的液體保鮮液、定製花藝剪、工裝手製圍裙、環保袋等周邊裝備。

在跨界合作方面，花加與 COACH 跨界合作推出聯名花卡，與同道大叔合作開發 IP 系列星座花，與 Lancaster 跨界打造聖誕花盒套裝。此外，還有與其他知名品牌合作的女子運動系列套裝、七夕槍炮玫瑰套裝等。花加還打造了「5·25 悅己節」；推出「加上花就對了」品牌戰役；通過多種優惠「組合拳」降低鮮花嘗試門檻，如 1 元開搶、滿減放送、買一年送半年、半價秒殺等。花加通過靈活多樣的行銷方式和富有創意的品牌戰略，讓用戶接觸到花加的產品，進而逐漸養成消費習慣。

花加不惜成本打造完善的供應鏈和極致物流體系，是為了給用戶提供精細化的極致消費體驗，讓鮮花能夠保質保鮮，在最短的時間內送到用戶手中。同時，花加非常重視客戶服務系統的建立，24 小時線上處理用戶回饋，力求為用戶提供最佳體驗。在 2016 年出現馬利筋配送瑕疵時，花加在第一時間全部召回，獲得了使用者和輿論的廣泛稱讚。

5.8.3　盈利公式

在為客戶提供價值的同時，訂閱企業也能夠獲取可觀的利潤並不斷擴大自身規模，實現與客戶的共贏。訂閱企業獲取的收入都是重複性收入，只要客戶的退訂率維持較低水準，重複性收入就會越來越高，同時成本由於規模效應而攤低，利潤隨之而來。

截至 2019 年 4 月 27 日，美國服裝訂閱平台 Stitch Fix 第三財季的收入較上年同期增長 29%，達到了 4.089 億美元。Stitch Fix 首席執行官 Katrina Lake 指出，收入上漲的一部分原因是活躍的客戶群體不斷擴大，當季財報增長 17%，達到了 310 萬人，另外消費者的支出也比去年增加了 8%。同時，Stitch Fix 第三季財報的利潤率達到了 45.1%，高於去年同期的 43.6%。自 2017 年上市以來，Stitch Fix 已經連續七個季度實現營業收入同比增長超過 20%。

串流媒體訂閱平台網飛就更厲害了。2018 年，網飛總營收達到 158 億美元，

同比增長 35%，營運利潤較上一年度幾乎翻了一倍，達到 16 億美元。網飛的付費訂閱人數也達到了新高（1.39 億人），新增訂閱用戶 2900 萬人，平均付費訂閱人數和平均客單價相比 2018 年分別上漲 26% 和 3%，保持了連年增長的良好趨勢。

綜上所述，訂閱經濟具有從客戶價值主張、資源和生產過程到盈利公式的完整體系，完全可以作為一種新的商業模式來研究和營運。

第 6 章

訂閱經濟為什麼會崛起

訂閱經濟的崛起受到了消費者和企業一推一拉兩方面的驅動。

6.1 消費者為什麼喜歡訂閱模式

當前消費者的消費方式與之前相比發生了很大的變化。

基於訂閱的定價模型已存在數百年，但現階段使用該模型的公司數量呈爆炸式增長的根源在於過去十年客戶期望的變化。

各種新技術的出現，使每個人都有機會隨時隨地與企業進行互動，消費者逐漸習慣於按需獲得自己想要的東西。與此同時，消費者開始期待企業更高的服務水準，也希望自己購買的產品和服務能夠隨著時間的推移不斷改進。

在訂閱模式下，訂閱者可以輕鬆切換服務提供者，因此希望獲得用戶忠誠度的企業必須提供持續的高品質服務。為了實現這一點，企業必須在明確瞭解用戶行為的基礎上進行生產、行銷和交付，並且必須培養與每個用戶的良好關係。

6.1.1 便利性

隨著手機和移動網際網路的日益普及，人們越來越青睞簡單快捷的生活服務。20 世紀 90 年代，人們聽歌還需要到網上搜索歌曲或者將 CD 裡的歌曲轉錄成 mp3 格式，然後連接電腦和 mp3 播放機，將歌曲導入播放機。如今，人們只需打開 QQ 音樂、Spotify 等音樂訂閱平台，就可以暢享上百萬首歌曲，可以根據歌曲名、歌手名等很快查找到自己想聽的音樂。這些音樂平台還有強大的推薦引

擎，可以根據每個使用者不同的資訊，有針對性地推薦使用者可能喜歡的音樂。

在國外的一項調研中，55% 的受訪者表示，如果不能快速找到自己想要的商品，就會放棄網路購物；77% 的受訪者認為，一個企業可以提供的最好的服務就是能夠節省他們的時間。訂閱經濟快速發展的背後是「懶經濟」的驅動。如今生活節奏加快，消費者越來越不喜歡在購物上耗費大量時間，他們希望可以直接獲取自己需要的商品或服務。基於此，催生了這類不需要使用者動腦挑選商品的訂閱包。

以美食盒為例，無論是菜譜類應用還是美食類影音內容網站，都想讓「下廚」這件事變得更簡單。於是，全球一批創業公司看到了其中的商機，帶來一種全新的半成品生鮮電商 O2O 模式——提供設計好的食譜及所需的食材，使用者只需在家中按步驟簡單加工一下即可享用美食。

哈羅生鮮是其中一個典型代表，其通過向用戶提供食譜，讓用戶選擇自己喜歡的方案，之後哈羅生鮮代替用戶對所需的食材進行集中採購和包裝，並配送到用戶家中。用戶按照所給的菜譜，可以在半小時內做好一餐。食譜的內容包括對菜品的簡要描述、烹飪所需的時間、難度係數、特殊說明（是否含堅果和麩質等）、食材和配料用量、營養含量及圖文步驟。

哈羅生鮮的所有食譜均由內部的廚師團隊獨家定制，並由內部的營養學家審查，以確保向用戶提供營養均衡的健康飲食。用戶可以隨時通過網頁或手機用戶端查看並下載本周、下周及以前的食譜。

哈羅生鮮提供三種訂購產品：經典、素食和家庭方案。同時，為了便於包裝和運輸，他們對用戶的選擇進行了限制。以美國網站上的資訊為例，經典方案包含當季蔬菜、魚和肉類產品，有 6 種食譜可供選擇，可滿足 2~4 名成年人的用餐需求。素食方案只提供蔬菜類食譜，而家庭方案則包含兒童食譜，這兩種方案都不可以選擇食譜。不過，素食方案可以選擇 2 人份或 4 人份，而家庭方案的分量限定為 2 名成年人和 2 名兒童。哈羅生鮮可供選擇的方案和費用如表 6-1-1 所示。

表 6-1-1　哈羅生鮮可供選擇的方案和費用

套餐方案	用餐人數	用餐次數	費用（美元）
經典方案	2	3 餐	69
	3	4 餐	84.9
	3	5 餐	99
	4	3 餐	129
素食方案	2	3 餐	59
	4	3 餐	109
家庭方案	4	2 餐	79.95
	4	3 餐	105

資料來源：哈羅生鮮官網。

　　所有套餐都是免運費的。這樣整體算下來，對選擇經典方案的用戶來說，每人每餐最低不到 10 美元。相比於外出就餐，這樣的價格對美國家庭來說十分具有吸引力。哈羅生鮮還提供靈活的訂閱方式。用戶可以自行選擇配送時間和地點，並可以在配送的 5 天前隨時修改、暫停或取消訂閱。此外，哈羅生鮮還提供電子禮品卡，使用者可以購買包含食材方案的禮品卡並贈送給他人，而收到的禮品卡可以用 1 美元兌換成相應的食材方案。

　　對消費者來說，訂閱最大的好處是擴大了選擇。我們都曾擁有 CD 或卡帶，但現在，我們可以通過訂閱線上音樂資料庫獲得世界上所有音樂的收聽許可權。時尚訂閱服務也在中國起步，並依託龐大的中產階級迅速擴張。例如，美國時尚租賃網站 Le Tote 於 2018 年落戶深圳，用戶在支付月費後，可無限制租用服裝和配飾，商家承擔運費和清洗費用。雖然對不少人來說，穿別人穿過的衣服是難以忍受的，但對想追求時尚又不想花過多的錢購買衣服的上班族來說，這是一個極具吸引力的選擇。

6.1.2　新鮮感

　　人們喜歡旅行的很大一個原因是旅行能帶來新鮮感。當人們走出機場，感受當地的溫度、當地的食物和當地的語言時，一切都是新奇的。然而，一旦同一個機場出入三到四次，人們的新奇感就會開始退散，周圍的一切再次變得平凡、格

式化，進入一個新世界的幸福感就一去不復返了。

在前一種情況中，新鮮感在發揮作用。簡單地說，一切都是新的，大腦可以敏銳地感知新環境的所有狀態；而在後一種情況中，大腦沒有發揮同樣的作用，因為一切都很熟悉、不新穎。

在更深的層次上，心理學家將這種情況稱為「新穎尋求」。科學研究表明，新鮮的外界刺激可以激發快樂、滿足等感覺。這就是訂閱服務誕生的依據。消費者從訂閱服務中獲得大量新的、個性化和令人興奮的元素時，也會啟動大腦中的快樂區域。

為了滿足消費者對美妝護膚的不同需求，一些公司在網上推出美妝訂閱盒，一經推出便引發熱賣風潮。例如，美國美妝電商 BirchBox 推出了美妝訂閱盒，僅一年便擁有大約 250 萬活躍用戶。在中國，上海別樣秀資料科技有限公司旗下的別樣海外購物應用推出了美妝 WOW 寶盒，上千個美妝盒在推出後兩小時內就宣告售空。

6.1.3 性價比和個性化

經濟學裡有「M 型社會」一詞，該詞是由日本趨勢研究學者大前研一提出的。簡單來說，就是富人愈富，中產愈下：在經濟由高速增長轉為趨緩甚至衰退後，資本回報的增速遠遠高於勞動回報的增速，更少的人掌握了更多的財富，中產階級人群卻出現分流。僅少部分人能從中層躋身富裕階層，大部分人則進入中下收入階層，中層群體坍縮，社會財富的人口分佈結構從「A 型」走向「M 型」。

《二十一世紀資本論》裡的歷史資料展現了美國社會的 M 型變化。美國收入前 10% 人群的收入占美國國民總收入的比重從 1910—1920 年的 45%~50% 下降到 1950—1970 年的不足 35%，但從 20 世紀 80 年代開始，這一比值持續上升，到 2010 年已重回 50% 的高峰。

在中國，M 型社會也正在形成。中國國家統計局的資料顯示，2013—2017 年，中等收入和高收入群體的人均可支配收入差距從 31,758 元擴大到 42,221 元，上漲超 3 成。全國居民按收入五等分分組的人均可支配收入如表 6-1-2 所示。

表 6-1-2　中國全國居民按收入五等份分組的人均可支配收入

組　別	2013 年	2014 年	2015 年	2016 年	2017 年
低收入	4402 元	4747 元	5221 元	5528 元	5958 元
中等偏下	9653 元	10887 元	11894 元	12898 元	13842 元
中等收入	15698 元	17631 元	19320 元	20924 元	22495 元
中等偏上	24361 元	26937 元	29437 元	31990 元	34546 元
高收入	47456 元	50968 元	54543 元	59259 元	64934 元

資料來源：中國國家統計局。

　　從收入增長率來看，2014—2017 年，最富裕的「高收入」人群收入增長率由 7.4% 增加到 9.57%；「低收入」、「中等偏上」、「中等」、「中等偏下」4 個群體的收入增長率逐年下降。人均收入的變化帶來的是消費的變化，消費則是經濟增長的最重要動力，而中產階級則是社會消費的主體。M 型社會帶來的中產階級變化會對整個社會的消費觀念和消費水準產生影響。

　　近年來，中國的新中產階級群體迅速壯大。《2018 年中國高淨值人群財富白皮書》顯示，中國中產階級人數全球第一，達到 3.83 億人；另外，根據麥肯錫的中國消費者調查報告與 CBNData 發佈的報告，預計到 2020 年，中國消費總量增長的 81% 將來自中產階級，可見中產階級的消費潛力巨大。同時，《新中產報告 2017》顯示，中國中產階級人群主要分佈在一二線城市，占比達到 72.94%。

　　消費習慣的相關資料顯示，中產階級消費者更青睞品質更好且價格合理的產品。以汽車為例，中產階級消費者在選擇汽車時更青睞德系車（25.6%），其次是日系車（15.8%），說明品質仍然是中產階級消費者關注的重點；另外對於汽車價格，中產階級消費者更青睞 10 萬 ~20 萬元及 20 萬 ~30 萬元區間，占比分別為 42.31% 及 56.04%。

　　在影響中產階級消費的因素（見圖 6-1-1）中，產品品質是中產階級消費者考慮最多的因素，占比高達 82.2%；節約時間位列第二，占比達到 77.5%；性價比位列第三，占比為 73.8%。可見中產階級消費者的消費觀念趨於理性，即不對大牌、名牌趨之若鶩，而更傾向於品質較高、價格相對合理的高性價比產品。近年來中國的拼多多、小米有品、網易嚴選和名創優品等品牌和管道的興起，很好地印證了一、二線城市「消費降級」的熱潮。

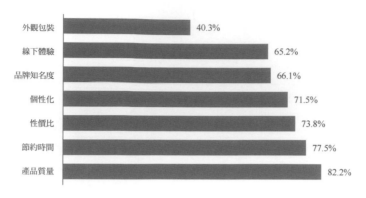

外觀包裝　40.3%

線下體驗　65.2%

品牌知名度　66.1%

個性化　71.5%

性價比　73.8%

節約時間　77.5%

產品質量　82.2%

資料來源：《新中產報告 2017》。

圖 6-1-1　影響中產階級消費的因素

　　中產階級消費者的消費理念趨於理性、更青睞高性價比產品的一個推動因素是中產階級群體的生活壓力劇增，這對其消費具有「擠出效應」。由於近年房產、醫療、教育等支出較高，中產階級生活壓力較大，在波士頓的報告中，這部分消費者被稱為「高負債中產」，其特點就是「有資產但不寬裕」，即消費者擁有如房產等相當高昂的資產，但由於抵押貸款等壓力，生活並不寬裕。

　　若單純從產品價格的角度來看，一、二線城市的消費者更傾向於選擇價格較低的產品，這確實是一種消費降級；但在追求價格合理的同時，消費者對產品本身的品質要求並沒有降低，只是顯現出更為理性、更為成熟的消費觀念，在產品的選擇上也不再盲從，對於品牌溢價更顯謹慎，從這一角度來看，這是另一種形式的消費升級。

　　與此同時，人口結構的變化也帶來了新的消費習慣。

　　「90 後」、「00 後」及更年輕的代際群體對網際網路化的生活方式接受度較高，有著天然的黏性和歸屬感，對近 5~10 年發展壯大的網路內容付費市場有較強的認知度和認可度，這類群體可以定義為「天然付費群體」。

　　2015 年，「天然付費群體」（於 1990 年及之後出生的人口）約有 4 億人，占總人口的 29.3%；2020 年，「天然付費群體」預計占總人口的 34.1%；2025—2035 年，每隔 5 年的預計占比分別為 39.0%、43.9% 和 48.9%。

　　從絕對數角度來看，2015—2035 年，每 5 年的「天然付費群體」分別有 4 億人、4.88 億人、5.74 億人、6.58 億人和 7.4 億人，每 5 年的同比增速分別為

22%、17.6%、14.6% 和 12.5%。同時，「90 後」、「00 後」的興趣愛好更加廣泛，對個性化的需求更加突出。

　　隨著主流消費群體逐步切換，「80 後」、「90 後」成為消費主力。由於新一代消費群體的教育與成長環境不同，其消費觀念也有別於「70 後」。一方面，相比於「70 後」，「80 後」、「90 後」的物質條件更加富足，產品的品類也更加多元化，選擇更多；另一方面，新一代消費群體在消費觀念上有較強的個人意識和追求，更青睞能與個人情感和生活方式相契合的產品和服務。

6.2 企業為什麼青睞訂閱經濟

　　對企業而言，提供訂閱服務的好處可能相當大。訂閱模型允許企業鎖定現有客戶並擴大市場佔有率，並且接觸到當前零售選擇不足或不方便的客戶。當消費者通過註冊、訂閱接收商品時，訂閱企業可以獲得豐富的消費者購買和偏好資料，還可以將訂閱服務作為產品發佈前的測試工具。另外，訂閱模式能夠為企業提供加深客戶關係和建立品牌聯繫的機會。

6.2.1 業務和收入穩定可預測

　　由於訂閱費一般都是按月或按年固定收取的，訂閱企業可以更準確地預測每月／每年的收入，從而更好地安排貸款償還、投資計畫、人員招聘等事項。另外，企業可以更好地預測原材料需求，從根本上解決庫存問題。庫存管理是十分困難的，錯誤的管理方式遍佈各行各業。

　　就傳統商業模式而言，最大的挑戰是如何預估需求。估計過高，錢收不回來，倉庫裡堆滿存貨；估計過低，則有可能導致庫存不足，無法滿足顧客需求。即使沒有易腐爛的產品，庫存也會受到變化多端的市場需求的影響。訂閱制相當於企業和客戶簽訂的一份合約，因為有合約的限制，所以訂閱模式能夠平緩需求，有助於更好地規劃企業規模，使企業更好地掌握客戶對產品的需求量。

6.2.2 積累寶貴的客戶資料

現在，你可能還可以想起那種老式分銷管道的結構流程：製造商將產品賣給分銷商，分銷商將產品賣給零售商，零售商將產品賣給最終的使用者。在這種模式下，企業需要依靠管道獲得顧客的回饋，如果企業想知道顧客喜歡的小飾品是綠的還是紅的，就需要去問管道經銷商。

訂閱企業能夠更加接近最終用戶，用戶通過網際網路與企業直接接觸。所有的使用者行為都被放到數學模型裡，然後在數秒內產生數以億計的資料。在你給《白宮風雲》五星好評後，網飛的資料分析會預測你可能會喜歡《紙牌屋》。資料就是財富，而訂閱企業擁有大量的使用者資訊，傳統公司之所以著手提供訂閱服務，在很大程度上是因為他們需要使用者資訊。

2012—2013 年，沃爾瑪的創新孵化器營運了一個訂閱企業 Goodies。用戶每月只需支付 7 美元，Goodies 就會將一盒試用品送到其家門口。如果使用者喜歡裡面的產品，可以從 Goodies 網站上買到正式銷售的商品。

沃爾瑪對會員的深入瞭解並不僅僅通過用戶的購買行為，同時也通過 Goodies 的評分系統，這個評分系統允許使用者評價他們收到的樣品。Goodies 會以積分的形式對做出貢獻的用戶進行回饋，用戶可以通過評分、寫體驗或者上傳照片獲得積分。如果用戶得到了足夠的積分，他們就能利用積分換取下個月的免費樣品。

沃爾瑪並不是為了每月微不足道的 7 美元而做 Goodies 的，這個全世界最大的零售商希望瞭解哪種零食是最受用戶歡迎而且願意花錢購買正式產品的。Goodies 幫助沃爾瑪瞭解用戶的喜好，以更好地進行商品採購決策。

對沃爾瑪來說，訂閱帶來的資料是一筆巨大的財富。

由此可見，通過訂閱服務，企業可以積累大量精準有效的資料，更精準的用戶畫像可以助力企業實現精準行銷，做到真正意義上的「以產定銷」，解決傳統零售業態中的庫存問題。企業通過大資料分析消費者偏好和市場走勢，從而提供有針對性的服務甚至精準預估需求。

6.2.3　提高用戶黏性和忠誠度

試想這樣一個場景，假設你擁有一條 100 磅重的大白熊犬，它每天要吃滿滿兩碗狗糧，這是一筆不小的支出，所以你總在關注狗糧的折扣資訊。每過一段時間，你都需要到寵物用品店購買一些狗糧。如果你看到超市裡狗糧打折，你會買；如果你發現另一家店有買一贈一的活動，你肯定會再次購買。最終，你可能會對進入商店購買打折狗糧的行程感到厭倦。

這時，你剛好瞭解到 PetShopBowl 的狗糧訂閱服務。你欣喜若狂，這不正是自己想要的嗎？在訂閱後，每兩周你就會收到送到家裡的狗糧，你終於可以停止不斷地搜索狗糧折扣資訊了，也不需要自己到店裡搬沉重的狗糧回家了，於是，你會持續訂閱 PetShopBowl 服務。

訂閱者知道自己簽署了這樣一個契約：企業以他們提供的便捷服務換取自己未來的忠誠度。相較於只買一次的顧客，訂閱者的黏性更高。用戶黏性和忠誠度的提升，意味著使用者會購買更多的產品和服務，從而給企業帶來更多的價值和利潤。

我們以花店為例，花店和很多傳統產業一樣，一般最開始的幾個月是沒有收入的，因此他們不得不想辦法來激發用戶的購買需求。他們會支付高昂的費用給商鋪，以確保在用戶的結婚紀念日前抓住用戶的眼球；他們會在關鍵節日加大廣告投入力度，以使用戶從他們那裡買花。如果他們錯估了某個節日期間的客流量，那麼他們的存貨就會腐爛。

將此模式與鮮花訂閱企業 H.Bloom 進行比較。這家花店的創始人 Bryan Burkhart 和 Sonu Panda 表示，他們希望成為「鮮花界的網飛」。H.Bloom 為酒店、餐館、休閒健身中心提供鮮花。與傳統花店必須不斷激發新用戶需求不同的是，H.Bloom 每週、每雙周或者每月向訂閱者快遞鮮花。因為 H.Bloom 不需要開設線下店鋪，與傳統花店每月以 150 美元 / 平方米的價格在曼哈頓租一個好商鋪相比，它每月只需以 30 美元 / 平方米的價格租下城裡工業區的百年老樓。

傳統花店在向顧客出售一次鮮花後，他們可能以後都不會再見到這個顧客，但 H.Bloom 可以和酒店簽訂一個每週 29 美元的合約，如果 H.Bloom 能讓這個客戶續約 3 年，這最終將創造一個價值約 4524（29×156）美元的客戶。

6.3 技術的變革發展

訂閱經濟的崛起離不開網際網路和物流等的發展，一些新技術的出現和發展，使得訂閱經濟的土壤越發肥沃，從而誕生了諸多明星企業。

科技的發展讓各種訂閱服務成為可能，並且使接觸消費者的門檻大幅降低。智慧手機的出現與網速的提升，讓消費者隨手就能叫到一輛車、隨時能看到想看的電影、隨時能聽到想聽的音樂，因此他們對各種訂閱模式會有更多的期待。

6.3.1 網際網路

訂閱經濟的發展是基於網際網路的，沒有網路，就沒有訂閱經濟。

如今，網際網路已經成為人們生活必不可少的一部分，如同水和空氣一樣。對很多人來說，沒有網路的日子和沒有水電一樣可怕。我們可以用網路處理大量事務：通過手機銀行轉帳付款、在電商網站上購買傢俱、通過 App 點外賣、在知乎上向陌生網友求助職場問題等。

寵物食品訂閱企業 BarkBox 的創始人馬特·米克表示：「BarkBox 這樣的企業之所以能成功，主要因為如今人們對電子商務更加信任了，過去我們只將信用卡資訊交給那些可靠的大公司，如今，哪怕面對剛起步的創業公司，很多人也會留下自己的信息。」

We Are Social 和 Hootsuite 聯合發佈了 2019 年全球數字報告，如圖 6-3-1 所示。報告顯示，2019 年，全球人口為 76.76 億人，其中手機用戶有 51.12 億人，網路用戶有 43.88 億人，有 34.84 億人活躍在社交媒體上，32.56 億人在移動設備上使用社交媒體。

總人口	手機用戶	網際網路用戶	社交媒體用戶	移動社交媒體用戶
76.76 億人	51.12 億人 67%	43.88 億人 57%	34.84 億人 45%	43.56 億人 42%

圖 6-3-1　2019 年全球數字報告

　　根據 GlobalWebIndex 的報導，92％的網路使用者每月都線上觀看影片，這意味著全球有超過 40 億人在 2019 年年初消費線上影音內容。全球有 18.18 億網路用戶在網路上購物，滲透率達到 37%，總價值達到 1.786 萬億美元。

　　根據中國網際網路資訊中心（CNNIC）發佈的第 43 次《中國網際網路發展狀況統計報告》，截至 2018 年 12 月，中國網民規模為 8.2851 億人，全年新增網民 5,653 萬人，網路普及率達 59.6%，較 2017 年年底提升 3.8%。中國網民規模和網路普及率如圖 6-3-2 所示。

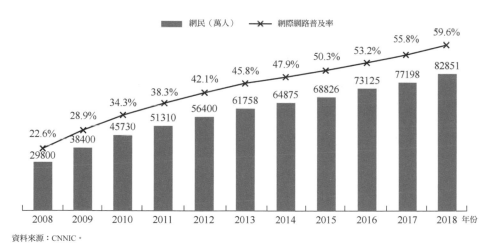

資料來源：CNNIC。

圖 6-3-2　中國網民規模和網際網路普及率

中國網民結構如圖 6-3-3 所示。

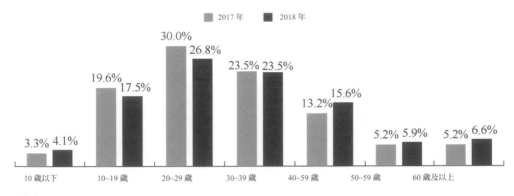

資料來源：CNNIC。

圖 6-3-3 中國網民結構

　　中國網民以中青年群體為主，並持續向中高齡人群滲透。截至 2018 年 12 月，10~39 歲群體佔整體網民的 67.8%，其中 20~29 歲年齡段的網民佔比最高，達 26.8%；40~49 歲中年網民群體佔比由 2017 年年底的 13.2% 擴大至 15.6%，50 歲及以上的網民比例由 2017 年年底的 10.4% 提升至 12.5%。

　　截至 2018 年 12 月，中國手機網民規模達 8.17 億人，全年新增手機網民 6,433 萬人；網民中使用手機上網的比例由 2017 年年底的 97.5% 提升至 2018 年年底的 98.6%。中國手機網民規模及佔比如圖 6-3-4 所示。

資料來源：CNNIC。

圖 6-3-4 中國手機網民規模及佔比

　　2018 年，中國網民的人均周上網時長為 27.6 小時，較 2017 年年底提高 0.6 小時。

2018 年，中國個人網際網路應用保持良好發展趨勢。網上預約專車 / 快車的使用者規模增速最高，年增長率達 40.9%；線上教育取得較快發展，使用者規模年增長率達 29.7%；網上外賣、網路理財、網上預約計程車和網路購物使用者規模也取得高速增長；短影音應用迅速崛起，使用率高達 78.2%，2018 年下半年使用者規模增長率達 9.1%。

中國網民已經習慣在網上看新聞、購物、玩遊戲、學習、訂酒店等，這為基於網際網路的訂閱經濟的爆發提供了堅實基礎。

6.3.2　電子支付

全球從現金和支票到電子支付的過渡正在迅速發生。全球信用卡購買量預計將從 2013 年的 16 萬億美元增加到 2023 年的 49 萬億美元（複合年增長率為 12%）。

由於美國信用卡體系的完善和普及，美國居民對於綁定借記卡的移動支付並不習慣。2017 年，中國零售行業的移動支付滲透率已經達到 25%，而美國的這一滲透率僅為 7%。

中國協力廠商支付產業起步於 1999 年，早於銀聯清算系統的建立。隨著網際網路技術的發展和普及，網上銀行的興起使協力廠商支付得以迅速發展。2002 年，各大銀行逐漸建立網路銀行服務。隨後，電腦的普及和網路購物的快速發展逐漸培養了人們線上支付的習慣，第三方支付市場開始興起。2012 年，中國第三方支付行業出現新的發展趨勢。隨著 2013 年第七批第三方支付牌照的發放，中國傳統網路巨頭也開始加入第三方支付行業。2013—2016 年，協力廠商支付交易規模的複合增長率達到 110.9%。到 2017 年，網路支付已經滲透到人們日常生活的各環節中，民生領域的線上支付環節也逐步打通。

近年來，中國第三方支付保持快速增長。在一、二線城市中，移動支付等第三方支付滲透到生活的方方面面，如線上購物、商場消費、住宿服務、打車出行等。直觀來看，第三方支付已經在大部分消費場景中有了充分的滲透。中國移動支付和線上支付規模歷史情況如圖 6-3-5 所示。

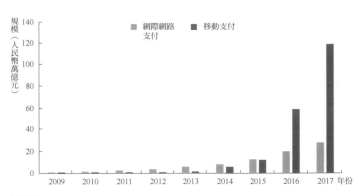

資料來源：Wind、華創證券。

圖 6-3-5　中國移動支付和網路支付規模歷史情況

　　截至 2018 年 12 月，中國網路支付使用者規模達 6 億人，較 2017 年年底增加 6,930 萬人，年增長率為 13.0%，使用率由 68.8% 提升至 72.5%；手機支付使用者規模達 5.83 億人，年增長率為 10.7%，使用率由 70.0% 提升至 71.4%；網民線上消費時使用手機支付的比例由 65.5% 提升至 67.2%。中國網路支付和手機支付使用者規模及使用率如圖 6-3-6 所示。

資料來源：CNNIC。

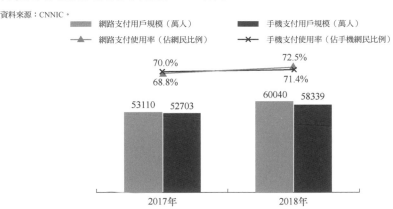

圖 6-3-6　中國網路支付和手機支付用戶規模及使用率

　　協力廠商支付包括多個方面，一般把線上金融、個人業務等也歸類於協力廠商支付，且佔相當大的比重。根據艾瑞諮詢 2016 年第四季度的協力廠商支付相關資料，網路支付包括網路金融、個人業務、線上消費、其他業務，其中網際網路金融（包括理財銷售、網路借貸等）佔 32.3%，為最大的組成部分；個人業務（包

括轉帳業務、還款業務等）佔 31.7%，佔比也相當可觀；線上消費（包括網路購物、
O2O、航空旅行等）佔 22.5%。

　　在移動支付方面，佔比最大的為個人應用，佔 68.10%，包括信用卡還款、
各類轉帳、生活繳費等；移動消費的佔比僅為 11.60%，包括電商、遊戲、線上
叫車、掃碼支付等；移動金融的佔比為 15.1%，包括貨幣基金等。

　　無現金支付是經濟發展的趨勢，隨著銀行卡、支票等的普及，歐美發達國家
的無現金支付率進入較高階段。在移動支付領域，中國領先於全球已成為共識，
但是從更廣泛的無現金支付（包括銀行卡支付、支票支付、移動支付等）滲透率
來看，中國相對於發達國家仍有較大的提升空間。

　　根據《2018 年全球支付報告》，2012—2016 年，全球無現金支付保持較快
增長，複合增速為 9.8%。其中，發達國家的複合增速為 7.1%，發展中國家的
複合增速為 16.5%，增速最快的為亞洲新興市場，從 2012 年的 239 億次增長至
2016 年的 706 億次，複合增速為 31.1%。全球各地區無現金支付量如圖 6-3-7 所
示。

無現金支付量（億元）

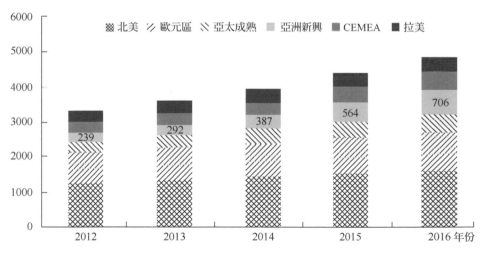

資料來源：凱捷 & 巴黎銀行《2018 年全球支付報告》。

圖 6-3-7　全球各地區無現金支付量

信用卡支付、移動支付等無現金支付方式都可以非常方便地用於網上支付，網民也習慣於在網上轉帳付款、購買產品等。交納訂閱費的流程和網上購物沒有多大區別，因此，用戶能自然而然地接受訂閱服務，不過，訂閱費一般金額較小，並且需要頻繁自動支付，傳統的支付系統處理起來比較煩瑣且耗時耗力。在這種情況下，專注於訂閱的微支付系統平台應運而生，典型代表就是祖睿。

祖睿從一個非常小的點切入，這個點就是幫助企業管理訂閱——如何定價、用什麼管道支付、如何提升訂閱率、如何避免流失率上升等。為訂閱服務定價看似是件很容易的事情，但實際上這需要很強的專業能力。一方面，定價要能夠覆蓋訂閱企業的成本；另一方面，定價要能夠保證健康的客戶增長率和低流失率。

祖睿看到了傳統會計核算法存在的一個基本問題：傳統會計核算法是為銷售小部件和報備財政收入而設計的。訂閱是一種完全不同的模式，它需要一種新的方式來跟蹤收入並與客戶進行溝通，訂閱企業需要一個訂閱記帳系統。

祖睿提供架設於雲端的軟體，任何公司都可以使用這些軟體並在任何行業內成功啟動訂閱業務或將其他業務轉化為訂閱業務。有了專門為訂閱業務打造的微支付系統，訂閱企業可以專注於訂閱業務本身，而無須操心那些煩瑣的支付流程。

6.3.3 大數據

舍 恩 伯 格 Viktor Mayer Schonberger 在《 大 數 據 時 代 》（Big Data:A Qevolution That Will Transforin How We Live, Work, and Think）裡總結了大數據的三個特徵：「不是隨機樣本，而是全體資料；不是精確性，而是混雜性；不是因果關係，而是相關關係。」這三個特徵也是很多科普或新聞類文章經常引用的。

（1）不是隨機樣本，而是全體資料。

過去，由於技術、經濟、人力等多個層面的限制，我們在試圖探索商業規律與用戶喜好時，主要依靠抽樣資料、片面資料，甚至有時只憑藉經驗、假設等做出基於自我判斷的結論。這就導致很多時候人類對於客觀事物發展規律的認知是膚淺的、表面的、錯誤的。

另外，在非大資料時代，在探索商業規律的時候，我們思維的出發點和探究的方法都是單維度、絕對化的。例如，過去我們在分析一類行業的發展前景時，

考量重點只集中在供需、政策等與分析物件在傳統經驗意識上有較為明顯的因果關係的方面。而如今，我們從大資料的角度分析，需要分析的物件更廣、更雜、更全面，會包含一些看上去和我們的分析目的沒有什麼聯繫的「無關因素」。

透過大資料分析，有時我們可能無法馬上理解和接受兩種事物之間的關係，如男性顧客在買尿布時喜歡同時買啤酒，而咖啡的購買情況與信用卡或房貸情況有相關關係等。隨著網際網路技術的發展，我們獲取資料更加便利，所獲得的資料也更具時效性，來自網路的各種資料都可以為我們所用。我們對某件事物的考察完全可以不使用抽樣方式，而是直接覆蓋全體物件，可以全方位、多角度地對其進行分析。我們既消除了小概率事件的不確定性，又能夠在分析中發現更多的可能性和聯繫性。

這條特徵的本質是，大資料的「量變」引發了人類研究和分析思路的「質變」。從目前人工智慧領域的研究成果來看，基於大資料的深度學習簡單演算法要比基於小資料的機器學習複雜演算法更有效，隨著資料量的提升，我們獲得的結論的準確度也逐漸提升。

（2）不是精確性，而是混雜性。

簡單來說，任何資料都有不可信的部分，但是在大資料的前提下，每一個小資料的不準確性都得到了消減與稀釋，變得不那麼重要。例如，我們只發放 100 份調查問卷，如果裡面有 5 個人胡亂作答，那就有足夠的可能性干擾最後的判斷；但相對地，如果我們發放了 50 萬份調查問卷，那麼即使有 100 個人胡亂作答，也不會對最終結果有太大影響。

大資料有時看上去是毫無規律的，特徵之間沒有明確的相關意義，但我們將看似無關的維度進行捆綁，對不同維度的資訊進行挖掘、加工和整理，就能夠獲得有價值的統計規律。此時，資料的混雜性反而成為大資料的優勢，通過對不同維度的資料進行分析，資料之間的關聯性得到極大增強，我們也因此能夠獲得更多新的規律。

（3）不是因果關係，而是相關關係。

因果關係是最直接的邏輯聯繫，但因果關係和相關關係在本質上並沒有什麼區別，所謂「相關關係只是還沒有被理解的、複雜的因果關係」。因果律是最基本、最直觀的邏輯規律，但是由於傳統思路的限制，大多數人對因果律採用的都是「黑白」理解：絕大多數時候提到因果關係，其實都是在說「單因果關係」，

但是現實情況中的因果關係通常都是「多因果關係」。我們無法簡單地觀測和描繪這種複雜的、非線性的因果關係，故而將這種因果關係稱為「相關關係」。

大資料提倡關注相關關係，關注平行存在而非垂直引導，這並不是對「因果」的否定，而是對客觀世界的現象進行更平實的概括。同時也是站在一個更實用的立場上，專注於具體問題的解決或做出更優的決策。假如我們發現某種奇異甚至無厘頭的方式可以有效拉動效益增長，那麼對一家企業來說，放在第一位的是先行嘗試，甚至規模性地複製這種做法，放在第二位的才是探究這種方式為什麼會產生意想不到的效果。大數據代表了另一種角度的黑貓白貓論，結論的實用性才是最重要的，絕對真理的因果關係交給專家或未來的人去探究。

總結一下就是，大數據就是一種量體很大的資料集，人類資料處理能力的提升、量與經驗的累積、分析方法的發展、思維的轉變等是「大資料」中「大」字的精髓。

訂閱經濟之所以有別於傳統訂閱模式，在很大程度上是因為其基於數位化運用，業務資料背後有大資料的支撐，如大資料可以幫助訂閱企業在用戶獲取和用戶留存方面進行有效提升。大資料在訂閱經濟中的應用如圖 6-3-8 所示。

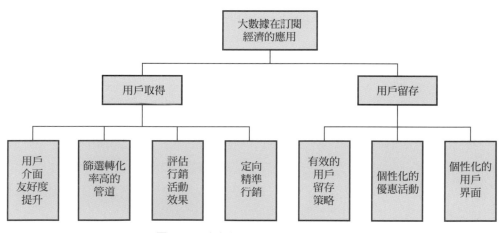

圖 6-3-8　大數據在訂閱經濟中的應用

服裝訂閱企業 Stitch Fix 就是利用大數據料快速發展起來的一個典型案例。Stitch Fix 創立於 2011 年，總部在美國舊金山。Stitch Fix 的制勝之道是其商業模型採用了前所未有的大數據科學，除了推薦系統，還有基於人的運算建模、資源

管理、庫存管理、演算法化時尚設計等，充分利用了大數據。

許多人都有選擇困難症，買衣服就是選擇困難的場景之一。Stitch Fix 創始人 Katrina Lake 結合自己的專業背景，組織了一群數據科學家、IT 工程師、時尚造型師和零售業精英，創辦了 Stitch Fix，為大眾尋找自己喜歡的服飾。

那麼，Stitch Fix 如何解決消費群體的不確定性需求問題？如何管理倉庫的進貨和出貨？如何媒合合適的造型師來給消費者提供搭配意見？

根據 Stitch Fix 前資料科學主管王建強在 51CTO 上公開分享的《數據驅動的產品決策和智慧化》，Stitch Fix 進行了資料與產品、資料與人、資料和團隊的深度結合。

（1）數據與產品的結合。

Stitch Fix 所有的銷售都來源自於推薦，由於採用盲盒模式，使用者在收到商品之前是沒有看過的，這就意味著造型師需要猜測使用者會喜歡哪些衣服。一旦猜錯，消耗的是造型師服務和雙向物流這些「真金白銀」的成本，所以對準確度的要求非常高。

從普通使用者的角度來看，Stitch Fix 產品流程如圖 6-3-9 所示。

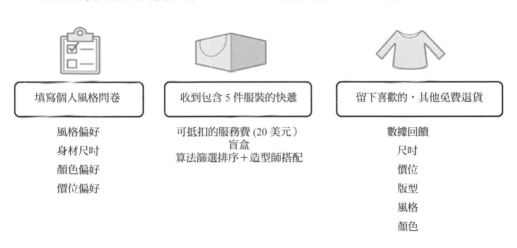

圖 6-3-9　Stitch Fix 產品流程

用戶在填寫個人風格問卷後，會收到搭配好的 5 件服裝，在試穿後留下自己喜歡的服裝，免費退回其他不喜歡的。Stitch Fix 鼓勵用戶對每一件服裝從尺寸、價位、版型、風格和顏色等維度進行回饋，這些資料有助於數據科學團隊更好地

瞭解使用者與服裝的媒合情況。

數據科學已經滲透到產品的方方面面，如倉庫分配、使用者與造型師的匹配、使用者樣貌、人貨匹配、庫存管理等環節。

•例一：倉庫分配

當有使用者請求發出時，商家需要決定從哪一個倉庫為用戶發貨。選倉發貨需要綜合考慮多種因素，包括運費、投運時間、與使用者風格的匹配情況等，基於這些因素建立倉庫和用戶之間的媒合度指標。

•例二：使用者與造型師的媒合

當使用者發出請求時，依據使用者和造型師之間的歷史匹配情況、使用者打分等進行匹配。

•例三：用戶樣貌

Stitch Fix 使用者樣貌既服務演算法，也服務造型師，故需要可解釋、易懂的用戶樣貌，如圖 6-3-10 所示。

- 服務演算法和造型師
- 年齡、地理位置、職業、身材尺吋、顏色和價格偏好
- Pinterest 種草　Embedding
- 風格輪廓
    經典、浪漫、波西米亞風、
    前衛、閃亮、休閒、Preppy Look
- 隱式尺吋、Latent Price、Latent Style

圖 6-3-10　Stitch Fix 用戶樣貌

用戶樣貌中的大部分資訊來源於使用者填寫的個人風格問卷，其中包括基礎的維度樣貌。

在確定用戶風格方面，Stitch Fix 把穿搭的風格分為七個維度：經典、浪漫、波希米亞風、前衛、閃亮、休閒、Preppy Look，在每個維度上進行 1~4 分的評分，基於用戶評分可以大致確定用戶的穿搭風格。

•例四：人貨媒合

這裡主要分析資料和模型兩個層面。資料層面有使用者樣貌、商品 ID、商品廣泛化特徵（樣貌、標籤）及多維度的回饋，資料挑戰樣本不均衡、資料回流帶來誤差、特徵和回饋資料缺失、折扣帶來偏差等；模型層面（2016年）有混合效應模型、Factorization Machine、DNN、Word2vec、LDA 等。

•例五：庫存管理

在庫存管理方面，需要解決的問題很多，如有哪些貨、要進哪些貨、進多少貨、分配到哪個倉及哪些庫存需要清倉等，這些問題看似簡單，但在 Stitch Fix 這裡就比較特殊，因為其庫存商品僅占所有商品的 40% 左右，有大量商品在用戶寄回倉庫的路上或從倉庫寄給用戶的路上，這就需要利用模擬與庫存快照來解決問題，如圖 6-3-11 所示。

圖 6-3-11　Stitch Fix 庫存管理

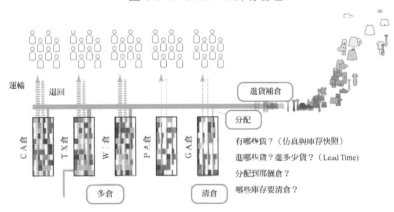

（2）數據與人的結合。

Stitch Fix 通過演算法和造型師的結合向使用者推薦搭配，這可視為一個人機耦合系統。

在這個人機耦合系統中，造型師作為「人」的角色，對非結構化資料進行處理，如圖 6-3-12 所示。

這種人機協同的方式，不純粹依靠機器演算法，也不純粹依靠人工。機器可以承擔更多繁重的重複性計算工作，還擁有大量的工作記憶、長期記憶；而人可以更好地處理非結構化資料，可以進行美學評估，也可以跟客戶建立良好的人際關係並進行情境感知。

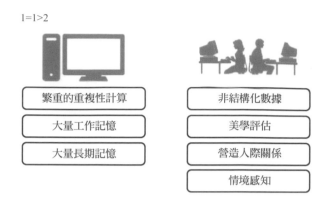

圖 6-3-12 Stitch Fix 的人機耦合系統

（3）數據和團隊的結合。

Stitch Fix 數據科學團隊主要分為四部分，底層是數據開發團隊，搭建資料平台、資料倉庫，以及提供部署工具。上面三個團隊是與業務一一對應的，分別是客戶團隊、推薦團隊、庫存團隊，如圖 6-3-13 所示。

圖 6-3-13 Stitch Fix 的資料科學團隊

Stitch Fix 通過線上個性化推薦機制，幫助用戶做出更適合自己的購物選擇，成為一個由資料和演算法驅動的新型服裝分銷商，這也充分體現了大資料對訂閱經濟的推動作用。

6.3.4 人工智慧

人工智慧的概念在很早之前就出現了，但近些年才開始有大規模的落地應用。人工智慧的發展大致經歷了三個重要階段。

（1）1950—1970 年：人工智慧的「邏輯推理」時代。

（2）1970—1990 年：人工智慧的「知識工程」時代。

（3）2000 年至今：人工智慧的「資料探勘」時代。

公眾對人工智慧最深刻的印象可能是 AlphaGo 和李世石的比賽，AlphaGo 的獲勝使公眾初步認識到人工智慧的「威力」。而在訂閱經濟中，人工智慧技術可以幫助訂閱企業高效地直接匹配需求端和供給端，從根本上改變傳統的匹配模式。我們以網飛為例進行分析。

網飛作為一家線上串流媒體訂閱服務提供者，可以從多維度獲得使用者的行為資料，如使用者觀看了什麼影片、如何觀看影片（包括使用的設備、觀看時間、觀看頻率、觀看時長等）、通過何種方式發現影片，以及哪些影片已推薦給使用者但未被點播等。

基於這些使用者資料，網飛利用人工智慧技術開發了一套精準的推薦系統。網飛的推薦系統使用了多種推薦演算法，其中最核心的是個性化影片排序（PVR）演算法和 Top-N 影片排序演算法。

PVR 演算法進行基於影片類型的推薦，為每個用戶量身推薦不同類型的影片，並根據使用者喜好對整個類型目錄進行排序；而 Top-N 演算法的核心目標是從類型目錄中找出使用者最可能選擇的影片。

此外，網飛還採用了基於平台使用者短期動態觀看趨勢的趨勢排序演算法、基於個體使用者續播和續集觀看習慣的繼續觀看排序演算法、基於觀看歷史的相似影片推薦演算法，在推薦頁面生成、搜索體驗等方面還應用了頁面生成選擇排序演算法、推薦理由選擇演算法和搜索推薦演算法等。

網飛利用不斷發展的人工智慧技術持續改進推薦演算法，將使用者與他們可能感興趣的內容相匹配，不斷提升用戶體驗。

6.3.5　雲端運算

行業比較認可的雲端運算定義是由美國國家標準與技術研究院（NIST）於 2011 年 9 月發佈的，其指出，「雲端運算是一種模型，用於實現對可配置計算資源（如網路、伺服器、儲存、應用程式和服務）的共用池的無處不在的、方便的按需網路訪問，這些資源可以通過最少的管理工作快速配置和發佈，或者與服

務提供者互動。」雲端運算的五個基本特徵如下。

（1）資源池。絕大多數雲端運算企業已經進行了一種或多種形式的虛擬化，最常見的是伺服器虛擬化。雖然伺服器虛擬化包含在 NIST 的資源池中，但它只是 NIST 標準定義的一小部分。除計算資源外，NIST 對雲端運算的定義還包括 IT 所有其他組件的虛擬化，包括儲存和網路。NIST 定義還假設所有資源都使用多客戶模型進行池化，根據消費者需求動態分配和重新分配不同的物理和虛擬資源。在當今的環境中，這些池化資源通常通過 API 訪問。

（2）廣泛的網路訪問。僅從 NIST 的定義來看，這個特徵意味著資源池化層對所有人都是可用的，與使用者的設備無關——不管使用者的設備是智慧手機、平板電腦、筆記型電腦還是工作站。

（3）按需自助服務。根據使用者需要，每個服務提供者可以單方面地向用戶提供計算能力，這是自動進行而無須干涉的。

（4）快速彈性擴展或膨脹。這一基本特性意味著雲端運算的功能可以彈性地供應和釋放，在大多數情況下這是自動進行的，以快速地按需向外和向內擴展。

（5）測量服務。雲端系統自動控制和優化資源使用，透過在某種抽象級別上利用與服務類型相匹配的計量功能，可以監視、控制和報告資源使用情況。

1999 年，Salesforce 成為雲端領域的首批主要推動者之一，開創了通過網路向終端使用者提供企業級應用程式的概念。任何接入網路的用戶都可以訪問該應用程式，公司也可以按需銷售該服務。

在 Salesforce 將這一新概念引入全球市場後不久，亞馬遜在 2002 年推出了基於網路的零售服務，從而使自己成功挺過第一次網路泡沫的破滅危機。亞馬遜是第一個對資料中心進行現代化改造的企業，在資料中心只使用約 10% 容量的情況下，亞馬遜就已經意識到，新的雲端運算基礎設施模型可以讓他們以更高的效率利用現有能力。

2006 年，亞馬遜推出了彈性雲端運算（EC2），這是一種商業 Web 服務，允許小公司和個人通過租用電腦來運行自己的應用程式。為了讓開發人員更容易地進行 Web 級運算，EC2 首次在商業上完全控制了所有運算資源。隨後，谷歌、微軟等網路科技巨頭紛紛推出雲端運算服務。

在雲端運算技術的支持下，訂閱企業能夠以低成本起步，按需為客戶提供服

務，根據訂閱用戶的需求靈活調整訂閱服務的規模，聲田、網飛等一大批訂閱企業的服務都是搭建在雲端運算平台上的。

另外，在雲端運算的發展趨勢下，大量軟體企業紛紛從基於許可證的在地軟體模式轉向雲端運算訂閱模式，如 Oracle、SAP、Adobe、Autodesk 和微軟等。SaaS（Software as a Service，軟體即服務）是一種典型的雲端運算應用，它是一種通過網際網路提供軟體的模式，使用者無須購買軟體，而是向供應商租用基於 Web 的軟體來管理企業營運的活動。SaaS 企業大多採用訂閱模式。

傳統軟體的交付，最簡單的就是採用單機軟體的形式，即在每個用戶的電腦上安裝一套應用程式，程式運行、資料儲存等都在本地進行。在 SaaS 模式中，應用程式在雲端運算，在大多情況下直接於 Web 進行交資料對換，無須在本地進行安裝與部署，並且可以同時向多租戶提供服務。傳統軟體企業的收費模式是一次性收取許可費用，後續收取維護服務費；SaaS 企業的收費模式為訂閱模式，客戶按需支付年費。

SaaS 將資料庫、伺服器、儲存、網路、維運等功能整合到訂閱服務中，向使用者提供一體化的 IT 服務，使用者不再需要單獨購買基礎軟硬體。SaaS 的優點如圖 6-3-14 所示。

資料來源：華金證券研究所。

圖 6-3-14　SaaS 的優點

Salesforce 於 1999 年 3 月成立，是一家客戶關係管理（CRM）軟體服務提供者，允許客戶與獨立軟體廠商在定制並整合其產品的同時建立各自所需的應用軟體。2004 年，Salesforce 在紐交所上市，自上市以來進行了多次戰略併購，完成了雲端轉型技術突破，成功由傳統桌面型 CRM 轉型到雲端 CRM，並覆蓋 SaaS

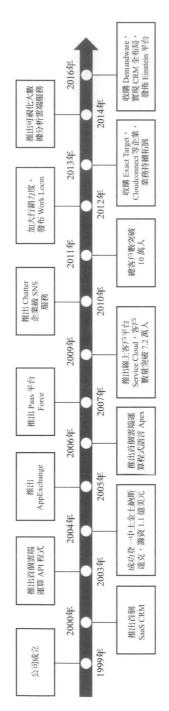

6-3-15　Salesforce　展程

和 PaaS（Platform as a Service，平面即服務）服務，同時引入人工智慧和大資料，實現了 CRM 全產業生態鏈的搭建與完善。Salesforce 發展歷程如圖 6-3-15 所示。

　　自成立以來，Salesforce 的銷售收入複合增速超過 30%，公司的收入包括訂閱收入和服務收入。訂閱收入是公司的主要收入，佔總收入的 90% 以上；服務收入包括專案實施、管理及培訓等其他收入。淨利潤一直保持低位，這是由 SaaS 的盈利模式和為追求收入而採取的激進銷售策略導致的，折舊攤銷費用和股票報酬費用對淨利潤影響較大。公司經營現金流保持穩健增長。Salesforce 營業收入情況如 6-3-16 所示。

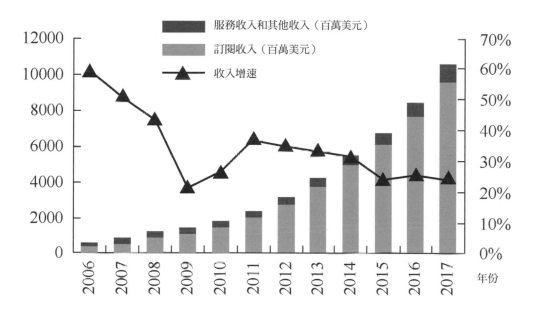

資料來源：Wind、華金證券研究所。

圖 6-3-16　Salesforce 營業收入情況

　　Salesforce 從 CRM 開始，積極拓展雲端客服和雲端行銷雲，打造企業平台社群。近年來，公司加大對存量用戶的價值開發，促使用戶向更高的版本升級，加大用戶對產品的依賴性。

　　Salesforce 作為全球最大的 SaaS 企業，在商業模式上，充分利用雲端運算，搭建了異於傳統授權模式的訂閱模式，極大降低了客戶的負擔和成本，給企業客戶提供了高度的靈活性，從而獲取了用戶數量和收入的飛速增長。

第 **7** 章

透視訂閱經濟

7.1 訂閱企業分類

訂閱模式是一個大筐，裡面還有很多細分類型，通過分類分析可以對其有更深入的瞭解。

7.1.1 按照客戶類型

有的訂閱企業是面向個人的（如 Dollar Shave Club），有的訂閱企業是面向企業、政府等機構的（如祖睿），還有的訂閱企業是兩者兼而有之的（如 Adobe）。

在北歐，65% 的訂閱企業是 B2B 類型，25% 的訂閱企業是 B2C 類型，其他則是混合類型。

7.1.2 按照產品類型

訂閱企業的產品可以劃分為虛擬數位產品、服務、實體產品三類。影音串流媒體、音樂串流媒體、Saas 軟體 (軟體即服務)、雲端服務等數位產品非常適合線上分發，採用按需訂閱模式。健身、培訓、課程、外賣等訂閱服務具有不可轉讓性。實體產品的訂閱又稱為訂閱盒。

實體產品的訂閱有 3 種方式。

（1）相同產品，持續訂購。例如，小明非常喜歡向日葵，於是在某鮮花訂閱平台上下單一個月的向日葵，平台每週為他寄送一束向日葵。

（2）不同產品，按喜好訂購。例如，小明在鮮花訂閱平台上支付一個月的訂閱費用，小明親自挑選花束，平台每週為其配送相應花束。

（3）由平台隨機寄送產品。例如，小明在鮮花訂閱平台上支付一個月的鮮花費用，平台每週為其配送隨機花束。

根據麥肯錫 2018 年的報告，訂閱盒在 2011—2016 年經歷了爆炸式增長，平均每年的增長率約為 100％。

7.1.3 按照垂直細分行業

在不同的垂直細分行業中，都有訂閱企業的存在。部分垂直細分行業的訂閱企業如表 7-1-1 所示。

表 7-1-1　部分垂直細分行業的訂閱企業

行　業	訂閱企業舉例
蠟燭	Amina Ahmed
肉類	ButcherBox
影視	Motor Trend
音樂	Rdio
遊戲	GameFly
圖書	McGraw Hill
生活用品	Dollar Shave Club
女裝	FabFitFun
寵物	The Farmer's Dog
男裝	垂衣
酒類	Vinebox
嬰童	Bitsbox
襪子	男人襪
零食	Graze
金融	嘉信理財
健身	Peloton
鮮花	花加、花點時間
法律	LegalZoom
能源	SolarCity
文具	Nicely Noted

7.2 訂閱業務類型

根據營運特徵，訂閱企業主要有 6 種業務模型。不同的模型適用於不同的行業和業務場景。對創業者來說，核心是找到與自己業務相匹配的模型。

7.2.1 知識付費

以中國為例，《羅輯思維》得到 App 首創「付費訂閱專欄」，音訊平台喜馬拉雅 FM、科技媒體 36 氪、讀書網站豆瓣及一些名人微信公眾號也相繼推出了付費訂閱專欄。「5 分鐘商學院」、「李翔商業內參」、「薛兆豐的北大經濟學課」、「白先勇細說紅樓夢」、「每天聽見吳曉波」等專欄逐漸被大眾熟知。優秀的付費訂閱專欄每年能創造 1,000 萬 ~2,000 萬人民幣的訂閱費收入。

知識付費是網路上傳媒、出版、教育等交叉融合形成的「新物種」，這類網路知識產品正在改變大眾從書中獲得知識的方式。音訊形式的圖書解讀和培訓課程漸受關注，得到、喜馬拉雅、樊登讀書會、知乎、在行、十點讀書、有書等借勢迅速發展。

雖然多數從業者更願意自稱為「知識服務」，但大眾與媒體很自然地把這個新領域稱為「知識付費」，明確定位為「為知識付費」。

全年專欄、小專欄、講座課程、線上訓練營、個人社團等各種網路知識產品正在結合訂閱模式，將包括讀書在內的傳統線下學習方式用新技術、新模式轉移到線上。

國外有很多小眾領域的訂閱網站，如為木工愛好者提供木工技巧訂閱服務的木語者協會、提供義大利旅遊攻略的義大利之夢、告訴廚師如何打造一家餐館的 Restaurant Owner、教水管工和電氣工創建公司的 Contractor Selling 等。

7.2.2 海量內容資料庫

網飛、聲田擁有海量的影視和音樂內容，其付費訂閱會員擁有無限的訪問權，可以在平台上看任何電影和聽任何歌曲。

隨著網飛的成功，圖書訂閱網站 Oyster、遊戲訂閱平台 Gamefly 等紛紛出現，各類領域不斷出現提供營運內容庫的訂閱服務。

2014 年，亞馬遜正式推出電子書訂閱服務 Kindle Unlimited。用戶每月只需支付 9.99 美元，便可隨意閱讀亞馬遜上多達 60 萬部的電子書及將近 2000 本的有聲書籍，該訂閱服務適用於所有 Kindle 設備及 iOS 版和 Android 版的 Kindle 應用。

7.2.3　優先權

一些訂閱企業向訂閱會員提供產品折扣及 VIP 特權，JustFab 和 NatureBox 是典型的例子。

JustFab 成立於 2010 年，總部位於加州。JustFab 最有名的是其服裝按月訂閱服務。網站所有商品面向訂閱會員的零售價格為 39.95 美元，而非會員用戶則須以 49~79 美元的價格購買商品。訂閱會員每月的最低消費為 39.95 美元。

NatureBox 提供零食訂閱服務，其目的是幫助消費者發現好吃的零食並提供健康的飲食方案。NatureBox 每月都會挑選 5 種不同的零食，將它們裝到可回收的點心盒子裡並寄送給訂閱者。這些零食中的一部分來自當地種植者，另一部分來自獨有的食品供應商。NatureBox 的訂閱費為 19.95 美元 / 月。

7.2.4　週期性消耗品

Dollar Shave Club 為訂閱用戶提供穩定的刮鬍刀供應，其對於消費者的價值主要在於節省時間和金錢。日常生活中我們經常使用的物品，如牙膏、洗衣精、洗浴用品等都屬於週期性消耗品，都可採用 Dollar Shave Club 的訂閱模式。

亞馬遜的「訂閱並保存」服務也是一個典型的針對週期性消耗品的訂閱服務，亞馬遜會根據使用者的用量定期送貨上門，顧客以優惠價定期收到日常用品，既省錢又省事。亞馬遜以此獲得了大量的長期顧客，可見這種訂購服務的受歡迎程度是很高的。

7.2.5 精選盒

精選訂閱就是根據消費者個人喜好提供個性化商品，通過提供服裝、美容和食品等類別的新產品或高度個性化的產品來為消費者帶來驚喜和好的用戶體驗。例如，BirchBox 為訂閱者提供五種精選的美容產品，藍圍裙為訂閱者提供菜譜和相應食材。

個性化體驗是用戶訂閱精選盒的最重要原因。

7.2.6 樣品盲盒

商家挑選一些他們認為用戶會喜歡的商品的樣品寄給用戶，因為用戶不知道會收到什麼商品，所以這種模式稱為「樣品盲盒」。BirchBox 率先嘗試了這種模式，使用者每月支付 10 美元就可以收到一個訂閱盒，包含 4~5 種 BirchBox 精心為用戶挑選的高檔化妝品和生活用品。

採用這種模式的公司還有 Blissmo、Foodzie、Club W、Citrus Lane 等。樣品盲盒有助於品牌商吸引新顧客，顧客也可以收穫新鮮且與眾不同的購物體驗。可持續性是這種訂閱模式最關鍵的要素，一些供應商如果產品供應量有限，則不能採取這種模式，對他們來說，多樣性是實現持續增長的關鍵。

中　篇

洞見：變革正在發生

第 **8** 章

產品轉向服務

　　自工業革命以來，一直是產品主導市場。企業拼命擴大規模，生產大量產品，然後銷售出去。這時，人們的主要需求是電視、冰箱、汽車等有形產品。

　　在進入資訊化時代後，人們的需求開始發生轉變。中產階級越來越多，家庭越來越富裕，電視、冰箱、汽車等很多產品幾乎每家都有。人們需要豐富多彩的影視內容，於是網飛崛起了，其市值遠超電視機生產商；人們想要方便快速地到達目的地，於是 uber 網約車和滴滴「起飛」了。

　　產品經濟開始轉向服務經濟。

8.1 服務經濟到來

　　2018 年，美國第三級產業增加值高達 165,147.47 億美元（比中國當年的 GDP 總量還多），約占其 GDP 總量的 80.6%。

　　根據中國商務部的資料，2018 年中國服務業的 GDP 比重已經達到了 52.2%，服務業成為名副其實的第一大產業和經濟增長的主要驅動力。

　　當前，全球已經進入服務經濟時代，服務業成為世界經濟的一個重要增長極。隨著數字經濟的廣泛普及，數位技術迅速發展，製造業與服務業深度融合，服務的可貿易性也大幅增強，服務外包化、數位化趨勢越來越明顯，服務貿易面臨前所未有的發展機遇。同時，中國也在加速向服務經濟轉型。

　　在改革開放前，中國經濟建設的首要任務是發展工業，特別是重工業，服務業處於輔助和從屬地位，對經濟增長的貢獻率較低。1978 年年底，服務業對當年 GDP 的貢獻率僅為 28.4%，低於第二產業 33.4 個百分點。

　　在改革開放後，隨著工業化、城鎮化的快速推進，企業、居民、政府等對服務業的需求日益旺盛，服務業對經濟增長的貢獻率不斷提升。1978—2018 年，服務業對 GDP 的貢獻率提升了 31.3 個百分點，服務業對 GDP 的貢獻率呈現加速上升趨勢，2012—2018 年，提高了 14.7 個百分點；2018 年，服務業對 GDP 的貢獻率達到 59.7%，高出第二產業 23.6 個百分點。

　　2018 年年底，服務業就業人員達到 35,938 萬人，比重達到 46.3%，成為中國吸納就業最多的產業。在外商直接投資額中，2005 年，服務業僅占 24.7%；2011 年，這一比例已經超過 50%；2018 年，占比達到 68.1%，服務業已經成為外商投資的首選領域。

　　2018 年，廣東省、江蘇省、山東省、浙江省、北京市、上海市的服務業增加值居全國前 6 位，占全國服務業增加值的比重接近 50%。其中，北京市、上海市服務業增加值占地區生產總值的比重分別為 81% 和 69.9%，接近發達國家水準。

　　服務經濟成為冉冉升起的新星，吸引很多企業和人才投入其中。與此同時，製造業在 GDP 中的比重越來越低，從業人數越來越少。

　　工業革命導致經濟結構和就業模式發生了巨大變化。由於生產率的持續大幅提升，雖然目前只有 2%（1820 年的這一比例為 70%）的美國人從事農業工作，但產量遠超之前。現在，製造業也出現了類似的生產力發展，更少的人能生產出更多的產品。

8.2 一切皆服務

8.2.1 什麼是 XaaS

　　XaaS 即「一切皆服務」，代表「X as a Service」、「Everything as a Service」，是指將任何東西作為服務交付。常見的 XaaS 有 Saas、Paas 和 Iaas。IT 環境邏輯分層如圖 8-2-1 所示。

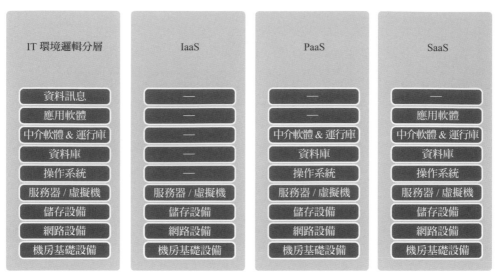

資料來源 S：東北證券。

圖 8-2-1 IT 環境邏輯分層

　　SaaS 是「軟體即服務」（Software as a Service），是一種通過網際網路提供軟體的模式，如印象筆記、銷售易、Microsoft Office 365 等。廠商將應用軟體統一部署在自己的伺服器上，客戶可以根據自身實際需求，通過網路向廠商購買所需的應用軟體服務，按實際購買情況向廠商支付費用，並通過網路享受廠商提供的服務。使用者購買基於網路的軟體，不需要將軟體安裝在自己的電腦上，也無須對軟體進行定期的維護與管理，服務提供者全權負責這些工作。

　　PaaS 是「平台即服務」（Platform as a Service），如 Amazon Web Services（AWS）的 Elastic Beanstalk、谷歌的 AppEngine、Apache Stratos，通常為應用程式開發和測試提供預留配置的虛擬機器（VM）和其他資源。PaaS 能為企業提供定制化研發的中介軟體平台，同時涵蓋資料庫和應用伺服器等。PaaS 實際上是將軟體研發的平台作為一種服務，以 SaaS 的模式提交給使用者。因此，PaaS 也可看作 SaaS 的一種應用，PaaS 的出現可以推動 SaaS 的發展，尤其是加快 SaaS 應用的開發速度。

　　IaaS 是「基礎設施即服務」（Infrastructure as a Service），允許組織部署和配置託管在供應商資料中心中的虛擬機器，並遠端系統管理這些虛擬機器，如 Microsoft Azure、Google Compute Engine、AWS Elastic Compute Cloud。用戶可以利用所有雲端運算基礎設施，包括 CPU、記憶體、儲存裝置、網路和其他基本的運算資源，能夠部署和運行任何軟體，包括作業系統和應用程式。用戶不管理或控制任何雲端運算基礎設施，但可以獲得對部分網路元件（如路由器、防火牆、負載等化器等）的控制許可權。

　　此外，還有 CaaS、SECaaS、DaaS、MaaS、BaaS 等「一切即服務」。各類 XaaS 如表 8-2-1 所示。

行　業	XaaS	主要提供者
應用	軟體即服務（SaaS）	Adobe、ADP、AWS、Atlassian、Cisco、Akamai、DocuSign、Dropbox
應用開發	平台即服務（PaaS）	Appian、Betty Blocks、Caspio、Fujitsu、Kintone、Mendix、Oracle、OutSystems、QuickBase、Salesforce
IT 基礎設施	基礎設施即服務（IaaS）	阿里雲、AWS、CenturyLink、富士通、谷歌、IBM、Interoute、Joyent
網際網路	軟體定義網路（SDN）	AWS、Cisco、谷歌、Juniper、微軟、Nuage Networks、VMware
儲存裝置	儲存即服務（STaaS）	阿里雲、AWS、谷歌、IBM（Bluemix）、微軟、Oracle、騰訊、Rackspace、Virtustream
容器	容器即服務（CaaS）	AWS、谷歌、IBM、Joyent、Rackspace
功能	功能即服務（FaaS）	AWS、谷歌、IBM、微軟
桌上型電腦	桌上型電腦即服務（DaaS）	Adapt、AWS、Citrix、戴爾、dinCloud、Dizzion、Evolve IP、NaviSite、NuveStack、VMware
安全	安全即服務（SECaaS）	AT & T、Atos、BAE Systems、BT、CenturyLink、CSC、HCL Technologies、HPE、IBM
資料庫	資料庫平台即服務（DBPaaS）	Aiiria、Altiscale、AWS、BlobCity、Cazena、CenturyLink、Citus、ClearDBLabs、Salesforce、SAP、Snowflake、Teradata、Tesora、Tieto
災難恢復	災難恢復即服務（DRaaS）	Acronis、Axcient、Bluelock、C & W Business、Carbonite、CloudHPT、Daisy
雲端服務集成	集成平台即服務（IPaaS）	Actian、Adaptris、Attunity、Built.io、Celigo、DBSync、Dell Boomi、富士通、IBM

（續表）

行　業	XaaS	主要提供者
人力資源	人力資源即服務（HRaaS）	ADP、Ceridian、Infor、Kronos、Meta4、Oracle、Ramco Systems、SAP
金融	核心財務管理（CFM）	Acumatica、Deltek、Epicor Software、FinancialForce、Intacct、微軟
客戶參與	客戶關係管理（CRM）	BPMOnline、CRMNEXT、eGain、Eptica、Freshdesk、Lithium、微軟
影像	影像即服務（VaaS）	Adobe、Avaya、Applied Global Technologies、AVI-SPL、Blue Jeans、Cisco、Eagle Eye Networks、華為
統一通信	統一通信即服務（UCaaS）	8X8、AT＆T、BroadSoft、BT、谷歌、Fuze、Masergy、微軟、Mitel
人工智慧	人工智慧即服務（AIaaS）	AWS、Datoin、谷歌、IBM（Bluemix/Watson）、微軟、Noodle.ai、NvidiaGPU Cloud、ServiceNow
認證	身份即服務（IDaaS）	Auth0、StromPath、九州雲騰
資料分析	分析即服務（AaaS）	衡石分析平台
作業系統	Windows 即服務（WaaS）	微軟
政府	國家即服務（CaaS）	愛沙尼亞

表 8-2-1 各類 XaaS

在表 8-2-1 的內容中，最有趣的應該是愛沙尼亞的「國家即服務」了。愛沙尼亞 99% 的公共服務可以通過網路遠端實現，這和中國的電子政務不同。在中國的電子政務中，只有材料申報、資料查詢等流程在網上進行，最後一步的蓋章還是要到相關部門實地操作的。而在愛沙尼亞，所有的操作都可以在網上進行。

愛沙尼亞提出了完整的數位建國計畫——Estonia，逐步把愛沙尼亞所有的公共服務全部搬到網際空間中：2000 年，數位報稅；2001 年，人口統計和 x-road；2002 年，數位 ID 卡（數位身份證）；2003 年，數位土地登記（將全國土地數位化）；2004 年，數位交易記錄登記（如學歷登記）；2005 年，數位投票（包括選議員、選總統）；2008 年，數位健康；2010 年，數位門診、數位掛號；2011 年，數位電網；2012 年，數位充電；2014 年，數位大使館；2015 年，數位發票和數位相關憑證；2017 年，銀行開戶（任何人都可以通過數位公民計畫在愛沙尼亞開設銀行帳戶）。愛沙尼亞已經開放了在數位方面的基礎建設，獲得審批使用這些數位資源的人稱為「數位公民」。

愛沙尼亞最先提出將一個國家當作一個平台，作為基礎設施全面開放，將認證、數位簽名等作為一項服務，向全世界的創業者和公司輸出，如圖 8-2-2 所示。

| 認證 | 數位簽名 | 稅收返還 |

| 公司註冊 | 公司檔案 | 個人檔案 |

圖 8-2-2 愛沙尼亞「國家即服務」的開放介面

各行業的 XaaS 正在以驚人的速度快速發展，因為它高度靈活，企業和個人可以按需使用，從而大大降低成本。在這個「一切即服務」的新世界中，企業可以定制自己的環境，以更好地適應不斷變化的員工和客戶需求。

XaaS 模型具有以下優勢：

（1）具有高度的靈活性和叫擴展性；

（2）能夠簡化流程，從而加快實施速度和減少維護需求，顯著節省成本；

（3）能夠輕鬆訪問各種最新技術；

（4）能夠加快產品上市速度，企業可以在幾周內推出新產品。

XaaS 帶來了商業模式的變革，推動軟體、汽車、電腦等行業從產品向服務轉型。傳統產品企業的收費模式是一次性收費，XaaS 企業的收費採用訂閱模式，客戶按需支付費用。在此背景下，客戶轉移成本降低，訂閱模式驅動企業從過去以「拓展新客戶」為重心的模式向「拓展新客戶＋提升老客戶黏性」的模式轉變。企業逐漸從產品型轉為服務型，不斷提升使用者體驗以保持高水準的客戶留存率成為競爭的重點方向。

8.2.2　SaaS 代表：Salesforce

Salesforce 是客戶關係管理（CRM）軟體的全球領導者，於 2000 年首推 CRM 革新理念，其創新式雲端平台已成為世界首屈一指的 CRM 解決方案。Salesforce 的核心任務是通過雲、移動技術、社交媒體、物聯網和人工智慧技術，以全新的方式讓企業與客戶建立聯繫。

自成立起，Salesforce 就高舉 No Software 大旗，向微軟、Siebel、Oracle 和 SAP 等行業巨頭叫板，並通過一系列品牌與市場活動，成功宣傳了自身的定位（SaaS 和 SFA 行業的先行者）和理念（No Software）。

Salesforce 早期的成功主要得益於以下幾點。

（1）簡單、流暢的 CRM 軟體。

公司開發的 CRM 軟體是通過雲端提供的 SaaS 產品，雲端運行的方式讓 CRM 軟體更易於使用。

（2）病毒式的分發傳播管道。

根據 Salesforce 的行銷策略，任何一家企業的前五名用戶都可以免費使用 CRM 工具，團隊成員在試用這款產品後，可以讓更多的成員使用，這幫助 Salesforce 實現了較高的資本效率。

（3）按年收費的銷售模式。

Salesforce 與客戶按年簽訂合同，客戶需要提前付費。客戶在按年訂閱的方案中，可以享受非常具有吸引力的折扣。

傳統軟體模式與 Saas 模式的區別如圖 8-2-3 所示。

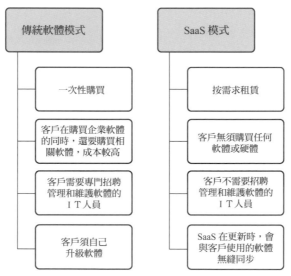

資料來源：36 氪、華創證券。

圖 8-2-3 傳統軟體模式與 Saas 模式的區別

根據市場研究機構 Synergy Research 2018 年的統計，微軟在 SaaS 服務供應商中排名第一，Salesforce 位居第二，Adobe、Oracle 和 SAP 緊隨其後。其中，在 CRM 這一細分領域，Salesforce 穩居霸主地位。

8.2.3　HaaS 代表：Nest

智慧家居品牌 Nest 由智慧家居公司 Nest Labs 於 2011 年創立。2014 年，谷歌以 32 億美元收購 Nest。Nest 的主要產品有聯網的智慧恒溫器、智慧煙霧探測器、Nest Cam 錄影鏡、Hello 智慧門鈴等。Nest 是 HaaS（Hardware as a Service，硬體即服務）的典型代表。

以錄影鏡頭為例，Nest Cam 由錄影裝置和托架兩部分組成。由於底座有吸鐵功能，所以用戶既可以把它平放在桌面上，也可以把它吸附在冰箱上，不會佔用額外的空間。它的功能也非常豐富，包括即時監測、異常報警、夜視和語音對講等。

為了更好地服務使用者，Nest 推出了訂閱服務。

Nest Aware 是 Nest 為 Nest Cam 使用者提供的訂閱服務，允許使用者將錄製的影片儲存在雲中長達 30 天，同時還有其他功能。用戶可免費試用 30 天，之後如果想繼續使用，則須付費。

Nest Aware 有兩個不同的訂閱包供用戶選擇，二者唯一的區別是影片在雲端儲存的時間不同。一個方案的影片保存時間為 10 天，費用為 10 美元 / 月或 100 美元 / 年，額外的 Nest Cam 費用為 5 美元 / 月或 50 美元 / 年。另一個方案允許使用者儲存長達 30 天的螢幕錄影，費用為 30 美元 / 月或 300 美元 / 年，額外的 Nest Cam 費用為 15 美元 / 月或 150 美元 / 年。

8.3　轉變的驅動力

為什麼產品經濟開始轉向服務經濟？因為在產品越來越同質化的今天，企業很容易陷入價格戰，導致利潤下滑。為了存活下去，企業必須做出差異化改變，而服務是塑造差異化的有效手段。企業在轉型後，可以擁有更高的毛利率、更強的競爭力，從而能夠持久地獲得高利潤。

8.3.1 服務帶來差異化

行業生命週期如圖 8-3-1 所示。

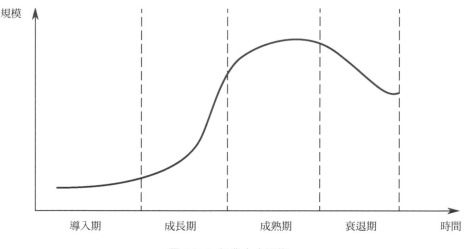

圖 8-3-1 行業生命週期

行業生命週期各階段的特徵如下。

（1）導入期：市場增長率較高，需求增長較快，技術變動較大，行業中的企業主要致力於開發新用戶、佔領市場；但此時在技術方面有很大的不確定性，在產品、市場、服務等策略方面有很大的餘地，行業特點、行業競爭狀況、用戶特點等不明朗，行業進入門檻較低。

（2）成長期：市場增長率很高，需求高速增長，技術漸趨定型，行業特點、行業競爭狀況及用戶特點等已比較明朗，行業進入門檻提高，產品品種及競爭者增多。

（3）成熟期：市場增長率不高，需求增長率不高，技術已經成熟，行業特點、行業競爭狀況及用戶特點等非常明朗和穩定，買方市場形成，行業營利能力下降，新產品和產品的新用途開發更為困難，行業進入門檻很高。

（4）衰退期：市場增長率下降，需求下降，產品品種及競爭者減少。

目前，很多行業都已經進入成熟期。在一個成熟的市場中，差異化是企業生存的重要因素，而創新的服務就是其中一種重要的方式。

2019 年，豐田成為一家為客戶提供訂閱服務的汽車製造商。豐田的汽車訂

閱服務名為 Kinto，訂閱者每月支付一筆訂閱費，作為回報，他們可以自由享受自己喜歡和想要駕駛的汽車，每月的訂閱費涵蓋保險金、汽車稅、登記費、車輛定期維護費等相關費用。

豐田公司總裁豐田章男在一份聲明中說：「一旦客戶發覺自己想要一輛汽車，這項服務就可以很容易地開始。此外，如果客戶想要嘗試另一輛車，他們可以更換汽車，如果他們不再需要汽車，則可以退貨。」

Kinto 目前有 Kinto One 與 Kinto Select 兩種服務，前者針對豐田品牌設立，後者針對雷克薩斯品牌設立。

Kinto Select 的 消 費 者 可 以 在 RX450h、NX300h、UX250h、ES300h、RC300h 與 IS300h 這 6 款混合動力車（HV）中選擇。租賃合約期為 3 年，費用為 19 萬 4400 日元 / 月，包括汽車稅、任意保險和登記費。用戶每六個月可以更換一次車型，不需要首期付款。

Kinto One 與 Kinto Select 的內容不太一樣，消費者可以選擇普銳斯 Prius、卡羅拉 Corolla、埃爾法 Alphard、威爾法 Vellfire 與皇冠 Crown，租賃合約期為 3 年，不用首期付款，但車型不能隨意更換，同時訂閱費也依照車型而定，同樣包括汽車稅、任意保險和登記費。

目前，汽車市場進入成熟期，競爭非常激烈。豐田此舉是為了打造和其他車企的差異化特色，力圖從車企向移動出行公司轉型。

8.3.2　差異化帶來高利潤

如果大家的產品都差不多，就只能拼價格，但如此一來，即使銷量上去了也無法獲得利潤。但是，如果有了差異化的服務，就可以大幅提高利潤率。

以中國的汽車經銷商為例。大型汽車經銷企業有正通汽車、永達汽車、寶信汽車、中升集團、物產中大、龐大汽貿、國機汽車、亞夏汽車等，其中，亞夏汽車的毛利率只有 3.4%，物產中大的毛利率是 3.61%，寶信汽車的毛利率為 5.4%，永達汽車的毛利率為 5.2%。可見，整體利潤率非常低。而售後服務的毛利率遠高於整車銷售的毛利率，是各經銷商淨利潤的強力支撐，如永達汽車的售後服務毛利率為 43.6%，物產中大的售後服務毛利率是 21.3%。

再來看蘋果的例子。說到蘋果的軟體服務產業，你能想到什麼呢？ iTunes

Store、App Store、iBooks Store、Apple Music、Apple Pay、Apple Care 及各種各樣的授權協定都在蘋果軟體服務的範圍內。對蘋果來說，也許服務產業所占的收入比例並不大，但它卻是支撐整個蘋果公司運轉的基石。如果沒有 App Store，iPhone 和 iPad 或許不會如此受消費者喜愛。

蘋果的服務產業是非常有潛力的，其毛利率高得驚人。投資機構 Piper Jaffray 旗下分析師 Gene Munster 在一份報告中表示，隨著蘋果使用者越來越多，軟體服務的重要性也在逐漸提升。蘋果 CFO 盧卡·馬斯特裡曾表示，服務業的毛利率與整個蘋果公司的業務毛利率基本持平，約為 40%。蘋果服務產業 2015 年的毛利率實際上達到了 59.2%，而 2016 年，iPhone SE 的毛利率僅為約 35%，iPhone 6s 的毛利率也只有 40% 左右。

如果把蘋果的服務產業拆開來看，其中的資料更為驚人，如 App Store 的毛利率為 90%~95%，Apple Care 的毛利率為 70%，iTunes Store 的毛利率也有 30%~40%。

從 2017 年第四季度到 2019 年 8 月，蘋果產品的毛利率不斷下降，從 36% 下降到 30%；同時，服務業務不僅在營業收入和占比方面逐步提升，毛利率也在逐步提高——從 58% 提升到 64%。

隨著智慧手機業務的發展，整個產業鏈已經成熟，以華為、小米等為代表的中國製造手機在性價比上有很大優勢，但在全球智慧設備市場格局相對穩定的前提下，硬體利潤越來越低，服務才是提升未來營收空間和淨利潤的切入點。

付費訂閱對於實現蘋果生態系統的套現相當重要，蘋果的目標是在 2020 財年，生態系統的訂閱費超過 5 億美元（目前已經實現 2.2 億美元的訂閱收入）。

投資公司 Jefferies 分析師 Timothy OShea 表示，蘋果不斷增長的服務業務是其「穩定」的 iPhone 業務這一蛋糕上的奶油，iPhone 業務提供堅實的基礎，蘋果可以在這一基礎上建立龐大、可循環、高利潤率的服務業務。Timothy Oshea 認為，包括 App Store、Apple Music、iTunes Store 和 iCloud 在內的服務業務，到 2020 財年將占蘋果總營收的 25%，占毛利潤的 40%。App Store 和 Apple Music 將拉動蘋果服務業務的增長，隨著時間推移，蘋果有機會推出新的服務業務。

第 9 章

召之即來的按需服務

在手機上簡單操作幾下，我們很快就可以收到熱氣騰騰的美食、拿到洗乾淨的衣服、租到一輛豪華的載客轎車，或者任意看全世界的電影、聽全球不同風格的音樂、閱讀最新出版的圖書。

這就是按需服務，我們以比過去更快的速度獲得各種商品或服務。uber、美團外賣 uber Eat、網飛、QQ 音樂、哈羅生鮮等都是提供按需服務的典型例子。部分提供按需服務的企業如圖 9-1 所示。

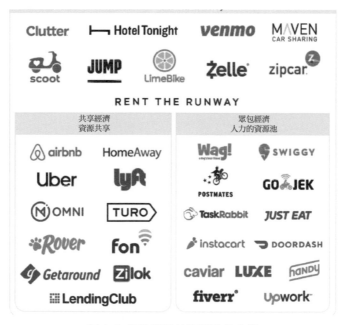

圖 9-1　部分提供按需服務的企業

隨著人們生活節奏的加快，傳統業務也逐漸轉向這一領域，成千上萬的企業正加入按需服務的隊伍，涉及旅遊、電子商務、物流、交通運輸、餐飲、醫療保健、零售等行業。很多傳統企業正在努力尋求改善供應鏈的方法，以更快地交付商品和服務。

9.1　指尖上的服務

現在，無論是即時流媒體還是汽車共用服務，消費者都可以隨時隨地線上上獲取任何想要的內容。

Zipcar 是北美一家汽車租賃公司，也是目前美國最大的網上租車公司，它顛覆了傳統的租車模式，努力簡化一切環節，將租車行為變得更加經濟、便捷。Zipcar 的用戶可以在極短的時間內完成租車，無須每次都填寫申請材料、去汽車租賃辦公室或將汽車送回不方便的地方。

Zipcar 有一個口號：「你身邊的輪子」，強調無論用戶在哪兒，只要步行 7 分鐘就能開上自己想要的車。會員只要撥打客服專線或登錄公司網站，就可以輕鬆租車。會員在網站輸入地點、取車時間及預計租用時間後，網站就會根據汽車與會員所在地的距離，由近到遠給出可租用的汽車，會員選擇其中一輛即可。整個過程簡單方便，只需要 1 分鐘左右的時間。

據統計，美國每年有 2240 萬用戶花費約 576 億美元來獲得按需服務（見圖 9-1-1），他們很樂意為此付款。

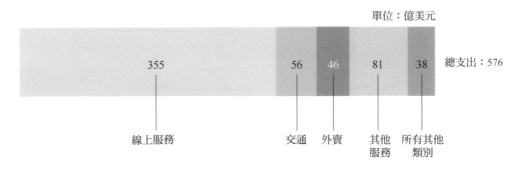

單位：億美元

| 355 | 56 | 46 | 81 | 38 | 總支出：576 |

線上服務　　　　　　交通　外賣　其他　所有其他
　　　　　　　　　　　　　　　　　服務　類別

圖 9-1-1　美國按需經濟的消費額

　　無處不在的網際網路和非常低的交易成本不斷催生出新的按需服務公司，這些公司通過高度可擴展的平台和創新應用，有效地將消費者和供應商聚集在一起。無論在哪裡，無論何時，我們都可以在手機上呼叫一輛計程車、點一份外賣、預訂一間酒店，這大大改變了人們做出決策的方式。通過簡潔的介面和方便的支付系統，按需服務正在逐漸消除令人難以忍受的等待時間，使用者需要做的只是在智慧手機上「輕點幾下」。

9.1.1　蓬勃發展的按需服務

　　許多人可能認為按需服務是專門為富人提供的，但事實並非如此。事實上，46％的美國按需消費者的家庭年收入低於 50000 美元。約 42％的美國成年人使用按需服務，超過 280 家公司提供涉及 16 個行業的按需服務。

　　根據市場研究公司 BIA/Kelsey 的資料，美國按需經濟的交易總額從 2015 年的 220 億美元增長到 2017 年的 340 億美元，同比增長超過 50％。而美國 2017 年按需服務的市場占比僅為 7％，還有很大的發展空間。

　　根據全球管理諮詢公司埃森哲的資料，風險投資家在 2000—2015 年向 230 家按需服務公司投資了 125 億美元，交通運輸行業在 2000—2015 年獲得了風險投資家的最高投資。

　　已經有數百家按需服務企業獲得風險投資家的青睞，如網飛、哈羅生鮮及線上學習平台 Udemy、購物平台 Instacart、自由職業者平台 Upwork、住宿平台 Airbnb、快遞服務 Shyp 等。

9.1.2　核心原則

　　（1）即時。

　　在按需服務中，沒有人願意等待。即時體驗至關重要，因此按需服務需要具有可靠的即時處理系統，為使用者提供即時的訂單狀態查詢服務，並且能夠在不同的環境中使用，主要面向移動設備。

　　（2）連接。

　　在許多按需服務中，涉及的人不止一個。因此，整個交易體驗實際上是一個連接的共用體驗，一個人請求商品或服務，另一個人或多個人來實現，大家需要

保持同步。當一個人做一件事時，這種行為須即時反映給其他人，連接的共用體驗是提高使用者滿意度和推動服務成功的重要因素。

（3）移動。

參與按需交易的人大多使用手機等移動設備，這意味著「移動」需要成為按需服務的重要考慮因素。對於在旅途中的用戶，也必須確保為其提供可靠的服務。

9.1.3 行業案例

1·交通運輸

交通運輸是被按需服務「革命」的首批行業之一。我們都知道，現在城市裡的計程車預訂和租車旅行已經非常便利。

計程車已完全轉向「隨需應變」的模式。許多計程車公司推出了自己的應用程式，使使用者可以輕鬆預訂計程車。此外，人們可以按小時租用汽車，汽車共用平台使人們可以拼車出行。很多平台已經從風險投資家那裡獲得了大量資金用於進一步發展，如 uber 網約車、來福車及貨車共用平台 Cargomatic、汽車租賃平台 ZoomCar、出行服務平台 DriveU 等。

2017 年，超過 75％的風險投資用於 5 個創業公司，其中 4 個都是與交通運輸相關的，如圖 9-1-2 所示。

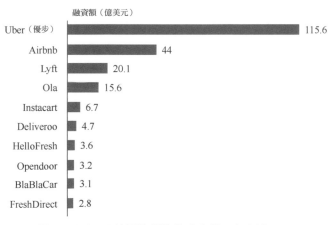

圖 9-1-2 75% 的風險投資集中在前 5 個創業公司

2．餐飲

送餐平台可以將人們在網上訂購的美食送到家門口，任何人都可以通過手機點外賣。而如果一個家庭喜歡做飯，那麼哈羅生鮮等食材訂閱平台可以提供食譜和新鮮食材。

作為按需食品交付平台之一，DoorDash 在很短的時間內取得了巨大成功。DoorDash 在整合眾多餐館的基礎上提供按需送餐服務，在 40 多個國家和地區的 500 多個城市開展業務，借助其 Delight Scoring 系統為使用者提供個性化服務，該系統能夠顯示其平台上所有餐館的餐飲交付品質。

另外，雜貨配送 Instacart、食材配送藍圍裙及請廚師上門做飯的 Munchery、預訂餐桌的 OpenTable 等都是餐飲行業發展很好的案例。

按需服務已經與餐飲行業融為一體，不僅能為用戶的日常生活增添便利，使其能夠按照自己的方式訂購食品，還能幫助餐館擴大銷售範圍，而無須投資額外的基礎設施。

送餐行業已經成為一個萬億美元級的行業。隨著風險投資在這一領域的加大及亞馬遜生鮮等大型企業開展雜貨配送業務，可以預見，按需服務在餐飲行業將有很好的發展前景。

3．美容化妝

早些時候，人們基本都在線上、線下、實體店購買化妝品，而現在，美容化妝行業正在逐步改變其商業模式，以隨時隨地為客戶提供服務。從美髮預約到聘請造型師，各類按需服務不斷出現，聘請造型師的 Miniluxe、美髮預約的 StyleSeat 等平台都有較好的發展。

美容化妝行業的「隨需應變」平台不僅能幫助用戶在家中方便地享受優質服務，還能幫助沙龍和美容機構擴大客戶群。在不久的將來，提供高性價比服務的美容服務平台將受到更多消費者的歡迎，因為這些平台能為日益繁忙的都市人群節省時間和精力。

4·企業服務

一些企業為了能夠專注於核心業務活動，通常會將其他工作外包出去。提供企業服務的公司能夠幫助其他企業實現精益營運，確保這些企業能夠獲得各種協力廠商服務，而無須聘請正式員工來完成相關工作。目前比較常見的企業服務包括幫助企業招聘員工、組織公司活動、提供物流服務等。

一些垂直領域的企業服務：

（1）兼職人員：ShiftGig、TaskRabbit；

（2）公司活動：Vanuebook；

（3）公司出行：Rockettravel；

（4）企業餐飲：Grubhub、EzCarter；

（5）外包諮詢：HourlyNerd。

由於能夠快速有效地完成特定工作，企業服務領域的初創公司正變得越來越受歡迎。

5·醫療健康

一個迫切需要按需服務的行業是醫療健康。早些時候，患者看病必須要去醫院，排隊等待就診；買藥也需要到實體藥店，費時費力。

而隨著按需服務的引入，很多問題得到了解決，例如，用戶現在只需在手機上點幾下，就可以享受半小時內送藥上門的服務，也可以通過各類應用，在手機上向全國的醫生諮詢病情，或在網上預約護士到家打針。

HealthTap 是美國一家提供 7×24h 遠端問診服務的線上網路公司。HealthTap 彙集了世界範圍內超過 10 萬名優質執業醫師，用戶超過 1 億人，線上答覆的醫療問題達到 19 億個。HealthTap 能全程滿足病人需求，也就是說，從用戶描述症狀到醫師線上診斷和開藥方，都可以通過 HealthTap 平台完成。

《叮噹快藥》針對單一的線下藥品零售模式，自建線下藥房及專業的藥品配送團隊，創立了「藥廠直供、網訂店送」的線上線下一體化營運的醫藥新零售模式，推出了 7×24h、28 分鐘內送達的送藥上門業務，同時配有專業藥師指導。

醫療健康行業是一個萬億美元級的全球行業，也是按需服務創業家最希望進入的行業之一。該行業其他按需服務有 DoctorOnDemand、TelaDoc、Go2Nurse、

Practo 等。

6．專業服務

幾乎所有的專業服務，如木工、電工、保姆、水暖等都可以實現按需服務。

TaskRabbit 是一個提供按需服務的應用程式，它將需要幫助的使用者與合格的專業服務人員聯繫起來，使使用者能夠以便捷的方式獲取家庭專業服務。

這些垂直領域的按需服務平台。令人興奮，因為它為用戶提供了眾多選擇，也為專業服務人員提供就業機會。相似的應用程式還有提供水電服務的 Handy、提供軟體發展服務的 Venturapact、提供家庭維修服務的 Serviz 等。

9.2 「現在就要」的消費者

在過去十年間，消費者由於世代變化產生了新特徵：他們希望藉由節省時間的方式採購商品和獲得服務，特別是那些精選的、個性化的商品和服務。

按需服務建立在即時滿足的概念之上，在最短的時間內將用戶想要的東西送到他們手中，能夠極大地提升用戶體驗。

根據《哈佛商業評論》2016 年的報導，很大一部分（49％）使用按需服務的使用者的年齡為 18~34 歲，如圖 9-2-1 所示。

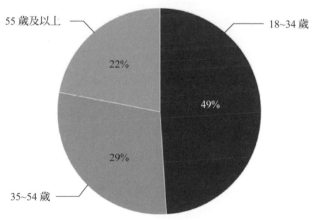

資料來源：《哈佛商業評論》。

圖 9-2-1　使用按需服務的使用者的年齡構成

此外，在其他方面，49% 的用戶是「千禧世代」，55% 的用戶是男性，45% 的用戶具有大學及以上學歷，54% 的用戶位於郊區，46% 的用戶年收入低於 5 萬美元，47% 的用戶家庭年收入高於 7.5 萬美元，如圖 9-2-2 所示。

資料來源：《哈佛商業評論》。

圖 9-2-2 使用按需服務的使用者結構

千禧世代現在是全美規模最大的一代，正是按需服務市場增長背後的驅動力。千禧世代指的是在 1982~2000 年出生並在 21 世紀成年的一代人，也就是我們常說的「80 後」、「90 後」。這一代人的成長時期正是網路和電腦科學形成並飛速發展的時期，具有生活條件優越、網路資訊爆炸、獨生子女等時代特點。

在生活消費方面，千禧世代有著區別於「60 後」、「70 後」的顯著特點。根據高盛的研究報告，中國的「80 後」和「90 後」群體約有 4.15 億人，占總人口的 31%，隨著他們的平台均年收入從 2014 年的 4.1 萬元增長至 2024 年的 9.1 萬元，這一群體將主導將來的消費格局。未來 10 年，千禧世代將成為中國消費市場的主力軍，這是目前所有企業的共識。這一代人的消費觀念、消費能力及消費欲望已帶動新零售市場發生深刻變革。

「等待」這個詞與千禧世代幾乎沒有關係，因為這一代人厭惡一切需要等待的事情，所有能在手機、電腦上解決的事情，他們絕不會去現場浪費時間。講究時間與效率的千禧世代對等待幾乎「零容忍」，這在資料上也有很好的印證。據

統計，在千禧世代中，86% 的人熱衷於網購與移動支付，70% 的人能夠等待的網頁載入時間不超過 5 秒，60% 的人表示在實體店試衣、買單時不喜歡等候。

很多千禧世代對按需流媒體內容感到滿意，因為可以一次性觀看一系列節目，而無須等待。類似「懶人消費」這樣的消費習慣滋生了新零售、共享經濟、快遞、餐飲等一系列新舊行業的全方位變革。

千禧世代能夠快速適應改變也熱衷於擁抱改變，這和他們自出生以來所處的不斷改變、越來越便捷的生活環境有關，對於網路、手機、社交媒體等時代進程，他們都是最活躍的回應者。

千禧世代是線上購物的擁護者與實踐者。中國擁有龐大的網購群體，其中，千禧世代的占比超過 86%。而隨著智慧手機、移動支付的普及與移動購物的完善，超過 80% 的千禧世代表示自己更喜歡在手機、平台板電腦等移動設備上購物。網購產品品類齊全、價格實惠、省時省心省力等都是吸引他們網購的原因。

中國的千禧世代對購物的便利性和快捷性有很高的期望。他們是全管道的購物者——他們會選擇最能滿足自己需求的管道，不論是線上還是線下。當進行線上購物時，他們大多數使用手機完成整個購物之旅——從產品調研到購買、支付、配送和售後。當到實體店消費時，他們傾向於使用支付寶等便捷的支付方式及免費送貨服務。

根據谷歌的研究報告，使用智慧手機的人對消費的即時性要求更高。在谷歌搜索中，2015—2017 年，「當天發貨」一詞的搜索量增長了 120%，「今天的航班」和「今晚的酒店」增長了 150%。

傳統企業難以滿足千禧世代即時性的需求，特別是當他們擁有傳統的供應鏈時。傳統供應鏈基於大量相同的產品，之後通過產品運輸整合數千個訂單，與新時代的消費需求完全不一致。如今的客戶喜歡快速、低成本的交付，他們希望能儘快拿到商品或享受服務。

Zara 是一家總部位於歐洲的服裝店，其通過消費者資料來追蹤消費偏好和趨勢，徹底改變了供應鏈模式。Zara 為其生產商提供有限的面料選擇，從而提高流行服裝進入線下店鋪的速度。Zara 能夠在 15 天內完成新設計衣服的上架，而行業的平台平均時間是 6 個月。

亞馬遜 Prime 訂閱會員也在享受著越來越快的送貨速度。為了滿足客戶的貨運需求，2016 年，亞馬遜租賃 40 架噴氣式飛機為消費者送貨。2018 年，亞馬遜

宣佈增加 40 輛印有「Prime」標識的專屬貨車用於「最後 1 公里」的配送，並宣佈將訂購 2 萬輛賓士 Sprinter 貨車用於支持美國本土的配送計畫，亞馬遜的末端送貨服務不斷反覆運算升級。Prime 服務的標準到貨時間是 2 天，亞馬遜可以將這一時間壓縮為 1 天，甚至可以按小時計算。

2012 年，亞馬遜以實現倉儲中心自動化、提升物流效率為目的，投資 7.75 億美元收購了機器人製造商 Kiva Systems，隨後將其更名為亞馬遜機器人（Amazon Robotics）。2020 年，亞馬遜在其全球 26 個營運中心應用了超過 10 萬個 Kiva 機器人。Kiva 機器人的外觀看起來像一個冰球，高度為 40cm，移動速度最高可達 1.3m/s，最高負荷為 340kg，工作效率是傳統物流作業的 2~4 倍，準確率達 99.99%。

早在 2013 年 12 月，亞馬遜就發佈了 Prime Air 無人快遞，顧客在網上下單後，如果物品重量在 5 磅以下，可以選擇無人機配送，無人機可在 30 分鐘內把物品送到家。整個過程無人化，無人機在物流中心流水線末端自動取件後直接飛向顧客。2014 年，亞馬遜 CEO Jeff Bezos 公開表示，亞馬遜正在設計第八代無人送貨機，將採用無人機為亞馬遜 Fresh 生鮮提供配送服務。2020 年，亞馬遜聘請了波音公司前高管、787 專案副總裁 David Carbon 擔任 Prime Air 副總裁，負責營運無人機送貨業務，目標是能夠在 30 分鐘內將貨物送到客戶手中。

可以說，亞馬遜充分利用無人機、機器人、大數據、人工智慧等技術，不斷提升物品送達速度，這在一定程度上代表了未來的趨勢。可能過不了多久，大部分商品都可以實現在半小時之內送達。當消費者習慣了這樣的按需服務後，就會期待更快速的服務回應。

時代在變，大眾的消費偏好也在變，站在消費者的角度思考問題、解決消費者的需求問題，才能更好地發展企業。即時性的服務能夠匹配消費者即時性的需求，是企業在未來取勝的關鍵。

9.3 所有權的終結

在當今時代，消費者越來越不關注所有權，而更加關注使用權和訪問權。舉例來說，不是購買一套房子，而是隨時租賃一個喜歡的房子；不是購買一輛汽車，而是使用滴滴、uber 網約車等隨時召喚一輛汽車；不是購買一大堆 DVD 碟片，

而是打開騰訊影音平台看最新的高清電影。

　　一件事物的擁有成本變得過於沉重，尤其在與方便快捷的按需服務相比時。例如，如果自己擁有一輛汽車，每週要加油，每月要交停車費，每年要交保險，另外還有違章費、維修費、過路費等。養一輛車的年花費（以捷達為例）如圖 9-3-1 所示。

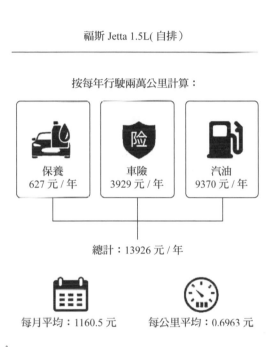

福斯 Jetta 1.5L（自排）

按每年行駛兩萬公里計算：

保養	車險	汽油
627 元 / 年	3929 元 / 年	9370 元 / 年

總計：13926 元 / 年

每月平均：1160.5 元　　　每公里平均：0.6963 元

資料來源：公眾號「玩車教授」。

圖 9-3-1　養一輛車的年花費（以捷達為例）

　　另外，隨著時間的推移，還需要清洗節氣門、進氣道、噴油嘴、空調系統等，而且變速箱油和輪胎的更換也都會提上日程。費用高不說，還非常麻煩，需要耗費大量時間。

　　而有了滴滴、uber 網約車等提供的線上叫車服務，我們可以隨時享受出行的便利，不用費心去找停車位、去加油站加油。每次費用也不過幾十元，人人都可以負擔，一個月的總花費可能低於養車費用。在這種情況下，還有必要買車嗎？

　　在某種程度上，所有權是一種拖累。一旦我們獲得某種東西，在獲得所有權的同時，我們需要承擔很多責任。

相關研究一致表明，在發達國家，千禧世代和 1998 年以後出生的「數位原民」，與其父母一代相比，更不關注所有權。他們與線上網路世界一起成長，對這些新世代來說，相比於所有權，分享和訪問更有意義。

聲田、YouTube、網飛等的串流媒體訂閱服務都是很好的案例。

在國外，1999 年，人們要聽歌和看電影只能購買 CD 和 DVD，從 Napster 上下載歌曲是非法的。從 2003 年開始，人們可以通過 iTunes 合法下載正版歌曲，但每首歌曲要收費 0.99 美元。到了 2015 年，一切都變了。用戶可以付費訂閱，然後隨意訪問海量的音樂、影視等內容。使用者不需要獲取這些內容的所有權，只要能訪問即可；使用者也不需要任何物理或數位儲存空間去保存這些內容，只需連上網路獲取即可。

當按需服務變得便宜、令人滿意並且可靠到足以使所有權溢價消失時，人們就會拋棄所有權，除非存在一些個人習慣和特別理由。

未來的人可能什麼都不需要擁有，只要訂閱足夠的按需服務就可滿足全部需求。人們不用租房子，從一個 Airbnb 搬到另一個 Airbnb 就好了，出差旅行也不用打包衣物，衣服、電腦、手提包一站式租用就可以了。

一些傳統行業也具有巨大的訂閱潛力。例如，可穿戴設備提供商 Fitbit 通過運動手環收集用戶的心跳、血壓等資訊，之後分析並回饋健康狀況給用戶，每月只需幾美元；在建築行業，美國機械公司 Caterpillar 根據使用者的情況，向買家建議應該購買還是租用一輛拖拉機；還有一些水泥公司在路面下鋪設感測器以收集交通資訊，從而為政府提供服務，這在中國的「智慧城市」建設中已經開始嘗試。

人們和事物之間的關係不再是靜態的佔有關係，而是動態的訪問關係。

網路、手機成為各種服務的入口。用戶可以很快地獲取一件商品，就好像這件商品是他自己的一樣。在某些情況下，商品的獲取速度可能比使用者從自己的「地下室」裡找還要快，商品的品質也很有保障。

按需服務使我們能夠享受擁有一件物品的絕大多數權益，同時減少了物品佔有帶來的負擔（如清洗、修理、儲存、歸類、投保、升級和保養等）。Kevin Kelly 在他的新書《必然》中指出，對事物的佔有不再像以前那樣重要，而對事物的使用則比以往更加重要。

為什麼所有權越來越不重要？ Kevin Kelly 指出，這受到以下五個趨勢的影響。

1・減物質化

減物質化趨勢使我們可以用更少的物料製作更好的東西。從 20 世紀 70 年代開始，汽車的底盤平均重量下降了 25%，而引擎性能、煞車效果和安全性都得以提升。曾經笨重得只能放在桌上的電話機，現在可以直接裝進口袋，性能甚至堪比一台電腦。創新設計、智慧晶片及網路連接等無形的材料承擔了曾經需要大量原料的工作。在矽谷，人們將這一現象描述為「軟體吃掉一切」。

產品向服務的轉變也是一個加速減物質化趨勢的力量。產品是「擁有你所購買的」，而服務是「使用你所訂閱的」。產品主張所有權，服務主張使用權。產品是一次性的事件，而服務則提供了一個有關更新、發佈和版本的永不停歇的服務流程，生產者和消費者之間保持永久的聯繫。

2・即時匹配供需

為了做到近乎即時的傳遞，創業公司正在嘗試以新奇的方式開拓低效領域。他們可以在一秒之內，將那些閒置的資產與等著使用的人們匹配起來。

要從 A 點到 B 點，你有 8 種乘車方式：

（1）買一輛車，自己開車去；

（2）雇一個公司，載你到目的地（計程車行）；

（3）從某公司租一輛車，自己開車過去（Hertz）；

（4）雇一個人，開車送你到目的地（uber 網約車）；

（5）從他人那裡租輛車，自己開車過去（RideRelay）；

（6）雇一個公司，將你與同行的人按照固定線路送過去（公共汽車）；

（7）雇一個人，將你與搭車的旅客送往目的地（Lyft 共乘平台）；

（8）雇一個人，將你與搭車的旅客送往固定的目的地（BlaBlaCar 代駕）。

類似 uber 網約車的按需服務正一個接一個地衝擊著其他行業，成為「X 領域的 uber 網約車」。上門美甲、鮮花速遞、洗衣服務、醫生出診等，隨時隨地都有人在等候指令，為使用者提供服務，而且價格實惠。

3 · 去中心化

現在，我們正處在長達 100 年的去中心化進程的中點。社會越去中心化，使用性就越重要。而這其中，最具標誌性的轉變就是貨幣。貨幣需要中央政府的強力保障，如果貨幣都可以去中心化，那麼其他任何事物也都可以去中心化了。於 2009 年誕生的比特幣就是一種完全去中心化、分散式的貨幣，這是一種新型的所有制——民眾公有，每個人都擁有它，但沒有一個人真正擁有它。

4 · 平台協同

傳統的組織形式有兩種：企業和市場，而現在，第三種組織形式出現了，這就是平台。它既不是市場也不是企業，而是一個新的生態系統。一個平台就像一個雨林，一個物種（產品）的成功是建立在其他共存物種的基礎之上的。今天，最富有、最具破壞性的組織機構幾乎都是多邊平台，如蘋果、微軟、谷歌、臉書、uber 網約車、阿里巴巴、Airbnb、微信、安卓等，它們共同促進相互依賴的產品和服務構成的強勁生態系統的生成。生態系統受共同進化原則的支配，共用是默認設置，你的成功取決於他人的成功。被分享的事物越來越多，被當作財產的事物則越來越少。

5 · 雲端化

雲端運作著我們的數位生活。你所接觸的電影、音樂、電子書和遊戲都保存在雲端，你在手機上做的大多數事情都借助雲端運算完成。雲端越大，我們的設備就越小巧、越輕薄。Marshall McLuhan 提出，車輪是腿的延伸，相機是眼睛的延伸。那麼雲端就是我們靈魂的延伸，是自我的延伸。我們生活中的所有影像、我們感興趣的所有資訊、我們的各種記錄、我們與朋友的所有聊天及所有選擇、所有想法、所有願望等都存在雲端。

第10章

高速度進化

　　「從前車馬很慢，書信很遠，一生只夠愛一人。」現在飛機高鐵，瞬間到達，一個表情通過光纖能以秒速傳到愛人面前。

　　我們周圍的世界和環境正在快速變化。移動通信技術從 1G 到 2G、3G、4G、5G，手機從 100 萬圖元到 1000 萬圖元、1 億圖元，設備從臺式電腦到筆記型電腦、智慧手機、VR 頭盔、AR 眼鏡、腦機介面，數位革命正呼嘯而來，深度改變著交通、娛樂、零售、傳媒、汽車、食品、醫療等行業，重新建構著每一家企業和社會的每一個領域。

　　面對快速變化的環境，企業應如何生存？

10.1　間斷平衡的世界

　　從猿到人的進化理論已經被大眾普遍接受。人類進化史如圖 10-1-1 所示，進化端最左邊是南方古猿，最右邊是智人，漸進演化理論認為，在二者之間有十三種逐漸發展的物種，在大約 230 萬年的時間裡緩慢進化，這意味著猿人不會在某一天突然像人一樣醒來。

　　不過，這種緩和的漸進演化理論在 1972 年被顛覆了。當時的兩位古生物學家——哈佛大學的古爾德博士和美國自然歷史博物館的埃爾德雷奇博士表示，化石記錄顯示進化不是緩慢發生的，而是快速爆發的，這種理論稱為「間斷平衡」。新物種只能通過線系分支產生，只能以跳躍的方式快速形成；新物種一旦形成就處於保守或進化停滯狀態，在下一次物種形成事件發生之前，在表型方面不會有明顯變化；進化是跳躍與停滯相間的，不存在勻速、平滑、漸變的進化。

現
代
人

智
人

直
立
人

能
人

南
方
古
猿

圖 10-1-1　人類進化史

　　從化石記錄來看，生物的進化有這樣的模式：長時間只有微小變化的穩定或平衡，被短時間內發生的大變化打斷，也就是說，長期的微進化後出現快速的大進化，漸變式的微進化與躍變式的大進化交替出現。大進化有著與微進化不同的機制，而這種大進化機制，不是自然選擇，而是由其他因素導致的，如胚胎發育的模式。

　　傳統學說認為，進化量（生物種系在一段時間內的性狀演變總量）是漸進變異逐漸積累的總和，線系漸變是進化的主流；間斷平衡論則認為，雖然漸變也可造成變異，並通過積累形成新物種，但其在總變異量中所占份額很小，物種形成才是進化的主流。線系漸變和間斷平衡的區別如圖 10-1-2 所示。

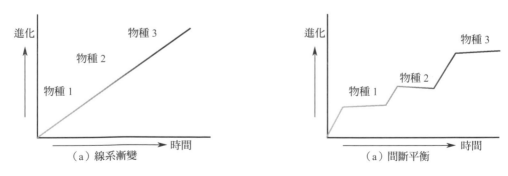

圖 10-1-2　線系漸變和間斷平衡的區別

　　寒武紀爆發是進化史上間斷平衡快速增長階段最著名的例子。在僅僅 2000 萬年（這個進化時間僅占地球 40 億年進化歷史的 0.5%）的時期內，幾乎所有現存的生物種類都出現了。在寒武紀爆發之前，大多數生物都很簡單，由單個細胞組成；而在那個時期結束後，世界上到處都是各種各樣的複雜生物。在爆發期間，物種多樣化的速度加快了 10 倍，達到一個新的數量級。

　　我們生活在一個間斷平衡的世界裡。在幾個世紀前，工業革命作為最重要的革命之一，耗費了將近一百年的時間才紮根。法國人紀堯姆奧托 (Louis-Guillaume Otto) 在 1799 年 7 月 6 日寫的一封信中首次使用了「工業革命」這個詞，直到九十多年後，工業革命的概念才開始普及。而現在，技術反覆運算和社會進步在幾年甚至幾個月內快速發生。還記得你因為有車載電話而認為自己很酷嗎？當第一個 iPod 問世並且你可以在其中存放一千首歌曲時，你是否感到驚訝？如今，車載電話和 iPod 已經逐步消失，取而代之的是可以隨身攜帶並且聽全世界幾百萬首歌曲的智慧手機。十五年前，網際網路還沒有被大規模採用，而現在，我們根本無法想像沒有網路的日子要如何度過。

　　毫無疑問，我們現在所處的社會不是處於緩慢的漸變之中，而是處在快速的突變之中，如同寒武紀時代。

10.2　快速進化或死亡

　　2014 年，進化生物學家發現，佛羅里達州印第安省瀉湖島嶼上的綠色蜥蜴（見圖 10-2-1）只需 20 代就能適應棕色蜥蜴的入侵。因為被棕色蜥蜴驅趕到更高的棲息地中，綠色蜥蜴在短短 15 年內進化出了更大的腳趾墊和更多的黏性鱗片，從而可以更好地緊貼樹枝和攀爬樹木，可以走向樹梢以避開入侵者。

圖 10-2-1　印第安省瀉湖島嶼上的綠色蜥蜴

在過去的幾十年裡，進化生物學家和生態學家已經認識到，如果自然選擇足夠強大，物種將會快速進化，將在我們能夠觀察到的時間範圍內發展。

在各種技術引發突變的時代，消費者需求不斷發生變化，企業如果不能快速「進化」、及時調整，就將面臨倒閉的危險。

在一個假設的場景中，有兩個除人數外完全相同的軟體工程師團隊，分別為團隊 A 和團隊 B，團隊 B 的人數是團隊 A 的 10 倍，給他們提供完全相同的工具和待解決的問題。團隊 B 每 3 個月優化一次軟體，而團隊 A 每天優化多次。由於速度更快，團隊 A 的商業價值遠高於團隊 B，即使團隊 A 的規模更小。

傳統企業在推出產品或服務前需要進行大量的市場調研，然後進行精準的廣告投放和市場推廣，在產品上市一兩年後收集用戶回饋，然後進行詳細的論證，討論如何調整後續產品或服務，整個「進化」速度以年為單位。在很多時候，產品或服務的改進遠遠落後於市場需求。

訂閱企業則以月、周甚至天為單位進行優化反覆運算。大部分訂閱都是按月進行的，用戶如果因為不滿意而退訂，當月的資料就可以反映出來。另外，訂閱用戶和企業有經常性的聯繫，可以快速向企業提出意見和建議。網飛就是一個典型案例，其快速「進化」能力讓其在短時間內成為全球網路世界文化娛樂業的巨頭。

網飛於 1997 年成立，早期以線上 DVD 租賃及出售業務為主，彼時 DVD 租賃服務的主流服務商為 Blockbuster，其巔峰時期擁有近 6 萬名員工和超過 9,000 家門店，70% 美國人的住所離 Blockbuster 的連鎖店不超過 10 分鐘車程。當時，在 Blockbuster 幾乎壟斷了美國 DVD 租賃市場的情況下，使用者不得不接受其租賃滯納金條款，即必須在規定時間內歸還 DVD，否則需要上繳高昂的「滯納金」。該項制度提升了 Blockbuster 的利潤規模，但也嚴重影響了用戶體驗。同時，Blockbuster 的線下租賃商業模式，使其前期在店面、人力、商品（DVD）等方面投入的資金量巨大，用戶租賃量一旦達不到理想規模，便會虧損。面對這種局面，網飛採取 3 項措施來應對，具體如下。

（1）緊抓用戶痛點，簡化租借流程，取消滯納金制度。網飛的 DVD 租賃過程如下：用戶通過線上搜索找到想要的 DVD，公司直接將 DVD 郵寄到用戶家中。用戶在看完之後，只要將 DVD 放回郵箱就有人上門收取，整個過程簡單方

便。同時，網飛完全取消了到期日和滯納金制度，不限觀看時間，用戶在租借新 DVD 前歸還舊 DVD 即可。借助這樣的方式，網飛督促會員進行自覺的租片管理，同時避免了不愉快的消費體驗。顛覆式的用戶體驗使網飛在營運的第一年便獲得了 23.9 萬名用戶。

（2）採取會員制度，提高用戶黏性。1999 年 9 月，網飛推出了 DVD 月租模式，取代傳統模式中的單次計費，使用戶更具黏性。會員包月制使營業收入與會員數同步增長，而網飛的營運目標也更加簡單明晰——吸引更多會員加入，並盡可能讓會員享受到滿意的服務，從而持續訂閱。

（3）採取輕資產策略，降低營運成本，實現快速發展。網飛作為線上服務供應商，採取了無店面、無營業員的輕資產營運模式，不佀打破了傳統實體店貨架有限的瓶頸，而且在免除店面成本的前提下，網飛能夠通過擴建區域配送中心來滿足不斷增加的會員需求。

結果，在 Blockbuster 一家獨大的情況下，網飛取得了突破性發展。

2007 年，美國很多家庭都接入了寬頻網路。2010 年，美國家庭寬頻滲透率已提升至 62%，技術發展為串流媒體影音平台的崛起提供了良好的鋪墊。同時，美國傳統電視的「線性播送」模式帶來不佳的觀眾體驗，加之傳統電視固定成本高，美國電視每日觀看時長從 314 分鐘逐步降低，觀眾極須獲取性價比高、觀影體驗佳、影片選擇自由的新型觀影方式。

網飛與時俱進，將 DVD 郵寄業務升級為流媒體服務，增加了大量影片內容，讓使用者可以通過網路在電視、電腦和移動設備上隨時隨地欣賞影視作品。

2008 年，網飛推出了全新的串流媒體服務，公司通過購買版權價格較低的老電影和電視節目，在成本沒有太大增加的情況下，免費為會員提供線上影視觀看服務。該策略既不影響 DVD 租賃會員數量的增長，又吸引了另一部分對線上觀看影片感興趣的使用者，並與 Blockbuster 等同業競爭者拉開了距離。憑藉 DVD 業務向串流媒體影音服務的平滑過渡，2009—2011 年，網飛的 DVD 租借業務仍保持每年約 30% 的增長，會員線上觀影時長也迅速增加。

Kagna 的資料顯示，2000 年，美國多頻道電視套餐的價格為 60 美元 / 月，網飛在推出串流媒體業務初期，以 7.99 美元 / 月的價格附贈網路影片業務，吸納了眾多「掐線族」。同時，不同於美國傳統電視臺採取的周播方式，網飛開創

性地在播放時採取整季同時播出的方式，在製作時會更多地考慮整部作品的連貫性，單集節奏壓力減小，時長方面也沒有嚴格各單集分鐘的限制。TechPinions 的調查結果顯示，83% 的網飛用戶有過一次性看完整季劇集的經歷。受限於播出平台和模式，傳統有線電視很難推出類似的創新服務。

串流媒體的興起引發了影音內容網站對大製作版權劇的爭奪，導致其價格水漲船高。例如，網飛購買《廣告狂人》的單集價格約為 100 萬美元，已經接近該劇製作成本（200 萬 ~250 萬美元）的一半。根據政策規定，《廣告狂人》需要先在 AMC 電視臺播出，隔天才能在網飛上線；網飛高價購買的所謂獨家權僅是一個網路二輪播放的權益，所能夠觸及的也只是那些沒能趕上第一輪電視播放的使用者。

在這種情況下，網飛試水高端自製劇。網飛在 2012 年進入內容製作行業，首次推出原創犯罪喜劇《莉莉海默》，之後大幅擴展電影和電視劇製作業務，陸續推出眾多原創內容。2013 年，其高端原創劇《紙牌屋》大爆，全年全球用戶增長 36.5%，到 2013 年年底已有 3171.2 萬美國用戶、4435 萬全球用戶。至此，網飛的內容佈局開始了由量向質、由豐富向獨家的轉變，2014 年 1 月，網飛向美國用戶提供 6,484 部電影和 1609 部劇集。

自 2013 年以來，網飛在原創內容上的投入逐年穩步上升，平均增速維持在 25% 左右。網飛自 2013 年開始連續五年在年報中稱，原創內容是導致串流媒體內容成本上升的主要原因，其製作的高端原創內容不僅量多並且質優。在 2017 年的艾美獎中，網飛獲 91 項提名、20 項獎項，僅次於原創內容大戶 HBONow，至此，「網飛出品，必屬精品」的品牌形象深入人心。

從 DVD 到流媒體，再到原創內容，面對每一次社會環境的變化，網飛總能快速應對，不斷進行調整，從而讓自己立於不敗之地。

在緩慢進化的時代，大象是有優勢的，它依靠龐大的身軀獲得更多的食物。但是在環境發生巨變時，最先倒下的肯定是那些龐大生物，如小行星撞擊地球後的霸王龍；而能夠活下來的，一定是進化反覆運算速度最快的那些物種，如和霸王龍同時代的哺乳動物——老鼠。因為反覆運算速度快，它們可以快速地繁殖不同分支的下一代的子類，然後通過自然淘汰選擇出最優秀的子類，之後繼續進化。另外，結構簡單的生物可能會獲得更大的進化優勢，因為其改變結構相對容易。

就像在做生物遺傳學實驗時，沒人會用大象，而會用果蠅，因為果蠅每隔十天就會繁殖下一代，能夠更快地篩選出需要的結果。所以未來，要麼快速進化，要麼滅亡。

10.3 即時回饋迴圈

企業要快速「進化」，離不開對客戶需求的瞭解。在某種程度上，企業唯一長久的競爭優勢就是對客戶的瞭解。企業要不斷收集和分析消費者的回饋，並利用獲得的回饋洞悉企業存在的問題，然後進行改進和提升，重新設計產品和服務。

眾多訂閱企業已經把回饋的速度大大加快，利用網際網路實現即時回饋，可以 $7 \times 24h$ 全天候和客戶進行溝通。在獲得客戶回饋後，企業快速進行反覆運算優化，從而形成一個良性的運行迴圈。忠誠的客戶關係在一次次更快更好的回饋迴圈中不斷加強，以客戶為中心的企業文化也得以紮根。

許多傳統的客戶回饋方式存在重大缺陷：不是即時的。如季度性的客戶調查依賴客戶記憶，這些記憶會隨著時間的推移而逐漸模糊。很多客戶調查還會受到主觀認知和偏見的影響。即使公司在每月的服務結束後立即對客戶進行調查，但執行團隊往往無法及時回應存在不滿的客戶。這種延遲會使客戶感覺公司不重視他們的回饋。

以 Graze 為例。Graze 提供迷你零食訂閱盒，每週、每兩周或每月為用戶寄送一系列定製零食。訂閱盒包含八種不同的零食，每個訂閱盒的售價為 11.99 美元，免運費。客戶可以自行選擇送貨頻率，並可以隨時更改或取消訂閱計畫。

Graze 的零食種類非常豐富，有 100 多種，包括杏仁、蔓越莓香草軟糖、牛奶巧克力、軟蘋果片、葡萄乾、乳酪味腰果、烤鹹花生等。所有零食都不含基因改造成分，也沒有反式脂肪、人工色素、香精或防腐劑，而且都是在全球範圍內精挑細選出來的，在其他地方無法找到相同的零食盒。

Graze 的訂閱過程很簡單：

（1）用戶創建帳戶並告訴 Graze 自己喜歡什麼。

（2）Graze 定製用戶的零食盒並免費提供樣品。Graze 使用一種名為

DARWIN 的演算法，根據訂閱者在網站上輸入的偏好資訊定製零食盒。

（3）用戶在收到訂閱盒後，可以對其進行評價和回饋，以便 Graze 更好地瞭解自己的喜好。

Graze 與其訂閱用戶之間的回饋迴圈不是一次性的，而是一個持續的過程。在幾次送代後，Graze 便非常瞭解用戶的偏好，能夠提供非常好的用戶體驗。

潘妮是 Graze 的商品開發負責人。她說：「我們擁有全球超過十億個零食評級資料庫，這讓我們對小吃市場有了深入的瞭解。創新是 Graze 的生命線，我們平均每兩天推出一款新產品」。客戶的即時回饋大大提升了公司的敏捷性和產品開發流程的快速性。潘妮聲稱，Graze 的創新團隊能夠及時發現趨勢，如在美國及時發現了「素食蛋白」趨勢。

Graze 將消費者回饋作為創新的啟動模型，對產品的快速回饋也使 Graze 能夠降低創新的風險。其營運理念是「快速嘗試、快速失敗、快速送代優化」。例如，Graze 推出了蛋白質穀物棒，但效果不如預期，在推出六個月後，Graze 徹底改變並重新開啟了相關產品計畫。與大型食品製造商相比，這種靈活性是一個重要的競爭優勢。大品牌遵循複雜的創新流程，將新產品推向市場的過程非常漫長。這個過程缺乏速度，意味著企業可能錯過很多機會。

訂閱企業追求靈活性和速度，不是先設計一個完美的產品再上線，而是迅速開發一個最小的可行產品並立即發佈，然後向潛在用戶、購買者和合作夥伴獲取有關商業模式所有元素的回饋，包括產品功能、定價、分銷管道和客戶獲取策略等。之後企業利用回饋來修改之前的產品，重新開始循環，重新設計產品並進行測試。

訂閱企業的回饋迴圈如圖 10-3-1 所示。

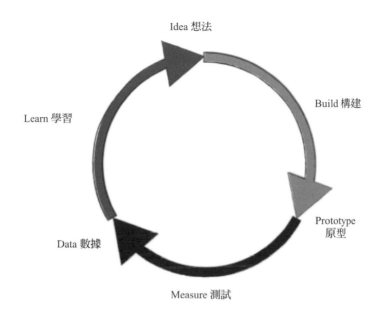

圖 10-3-1　訂閱企業的回饋迴圈

　　在大多數行業中，客戶回饋比資訊保密更重要，而且持續回饋產生的效果要遠遠好於閉門打磨產品的效果。這就是新的創業理念：快速推出新產品和新功能並送代進行，而不是在發佈之前花費過多的時間完善產品或功能。

　　快速反覆運算能夠帶來強大的複利效應。如果初始成功率僅為 5％，那麼當企業完成 20 次反覆運算時，成功率可提升至 64％。

　　快速送代能夠帶來創新。企業要想實現有價值的創新，需要採用系統的方法，大量測試很多新的想法，然後將它們轉化為商業價值。快速送代的實驗對於有效轉換至關重要，因為它可以通過將假設轉化為事實，幫助組織檢驗其創意，篩選出可行的好想法，淘汰掉不可行的壞想法。

　　Dollar Shave Club 很注意挖掘那些看似微不足道的需求痛點。例如，有用戶抱怨刮鬍子時用的紙巾太粗糙，公司就專門開發了兩款刮鬍專用濕巾，分別用於刮鬍前和刮鬍後。顯然，流行趨勢並不會告訴企業消費者存在這種需求。除此之外，刮鬍膏、乾洗洗髮水等產品同樣是因應使用者需求而生的，實際上，該公司 80％ 的產品都是這樣投入市場的。

當然，Dollar Shave Club 的新品也不是百發百中的，其曾推出一款去死皮搓澡巾，消費者反應就不是很好。Dollar Shave Club 沒有刻意回避差評，而是與用戶進行了一次非常透明的對話。在聽取用戶的意見後，其在兩周內對產品做出了改進。不但如此，公司還主動向之前訂購舊版產品的 6.4 萬名會員做了退款處理。

這次經歷讓 Dollar Shave Club 更加意識到測試新產品和獲取用戶回饋的重要性，為此，其邀請 500 名長期訂閱者擔任新品測試員，從而及時獲取使用感受。這進一步提高了 Dollar Shave Club 對市場需求的反應速度。

10.4 早失敗早成功

著名設計公司 IDEO 的口號是「早失敗早成功」。

一旦要進化、轉型和創新，冒險和失敗都會隨之而來，但要看你怎麼看待失敗——失敗可以積累經驗，至少能夠讓你為下一次冒險積累知識，失敗多的人才比成功多的人才更可用；好的失敗能夠在資源可承受的範圍內，為繼續嘗試奠定基礎。

當然，你既需要不屈不撓，也需要規避盲目的冒險、非承受能力之內的豪賭。你需要盡力嘗試，但在向訂閱轉型的不確定性沒有完全消除之前，也沒有必要下重大賭注。

容錯性的前提是識別假設、低成本驗證假設，使用一系列簡單、低成本的試驗方法，通過快速失敗來快速學習、嘗試那些尚不完美的想法，進而取得頗具吸引力且富有啟發性的突破性進展。

在變化速度加快的市場中，我們無法預測消費者對新產品的最終認知。成功的訂閱創業企業善於拋棄傳統的產品管理和開發流程，善於結合敏捷工程和客戶開發，以不斷送代的方式建立、測試和尋找消費者認知的核心價值，從而實現行業突破性創新從「未知」到「已知」、從「不確定」到「確定」的轉變。

對於茫然的未來，轉型沒有教科書，也沒有可以遵循的經驗，想一次成型或者不經歷失敗是不可能的。我們無法預測未來，每一個危機都會激發企業新的自我改進、調整和優化的戰略。

生物進化是依賴壓力、隨機性、不確定性而存在的，生物的基因庫正是利用這種衝擊來確保優勝劣敗，如果沒有失敗，就不會有進化。為了容納失敗，印度

塔塔集團還設立了年度最佳失敗創意獎，還有的企業設立年度失誤獎，甚至有的企業為了推進試錯，還設立了免錯金牌。創新不能被擁有或任命，它需要被允許。命令創意人員讓他們進行創新並不一定有效，正確的方式是放任他們去做。

　　面對訂閱時代的決策和創新，無須焦慮，只需試錯，在規模允許的範圍內，快速失敗，從失敗中學習。

第11章

千人千面的大規模個性化

　　福特 T 型車 (Ford Model T) 的下線，象徵著大規模生產和規模經濟的到來。在這之後，企業關注的是規模、成本、價格，但個性化和獨特性被忽視了。

　　而現在，在近一個世紀之後，情況開始發生變化。如今的消費者想要更多差異化的產品和服務，以及量身定製的東西。

　　個性化能夠給企業帶來收入的增加和消費者忠誠度的提升。40% 的美國消費者表示，由於個性化服務，他們購買了比原計劃更昂貴的東西；44% 的美國消費者表示，他們可能會在體驗個性化購物後成為重複購買者。

　　2017 年 5 月，波士頓諮詢集團圍繞個性化服務對企業進行了研究。結果顯示，與沒有提供個性化服務的企業相比，提供個性化服務的企業的轉化率提升了 11%~48%，個性化的重要性日益凸顯。

　　個性化對轉化率的影響如圖 11-1 所示。

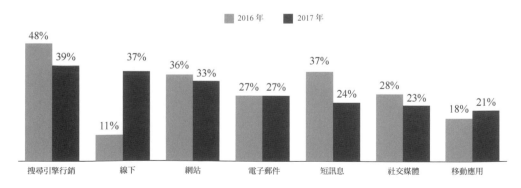

圖 11-1　個性化對轉化率的影響

　　無論是在提高用戶對特定需求的滿意度方面，還是在提高使用者體驗方面，個性化產品對使用者來說都更有價值。根據 NPD 集團 2011 年的一項研究，客戶很樂意為專門根據他們的需求而打造的商品支付 25％的溢價。

　　有證據表明，個性化產品可以產生更高的用戶滿意度並擁有更高的價格，從而產生更高的產品回報、更多的重複銷售和有效的口碑廣告。更重要的是，個性化在企業和消費者之間創造了一種新型的關係，進行個性化定製的企業有機會與消費者進行持續對話，從而建立長久聯繫。

11.1 大規模個性化

　　個性化的產品和服務一直都有，但之前主要針對那些高端的奢侈品，而大規模生產的標準化產品價格便宜，是大眾可以承擔的。由於高昂的價格，定製的個性化服務成為很多人的奢望。

　　現在，我們進入了一個新時代：大規模個性化時代。每個人都可以根據自己的情況擁有個性化的產品和服務。

11.1.1 愛迪達定製跑鞋

　　德國運動裝備巨頭愛迪達的 Futurecraft 3D 新款概念跑鞋，可以完全按照個人需求定製 3D 列印的鞋底中層，並在門店當場製作。這款與比利時 3D 列印服務商 Materialise 合作打造的新產品，有著精準的凹槽、外部輪廓，能與腳部完美匹配，甚至可精確至每一個壓力點，為每一位穿戴者提供個性化支撐和緩衝系統，提升運動表現。

　　通過這項新技術，愛迪達希望實現一個新模式：消費者走進門店，在跑步機上跑一小會兒，在其出店時就能擁有一雙 3D 列印的定製跑鞋。

　　愛迪達前執行董事 Eric Liedtke 說：「Futurecraft 3D 只是一個原型和一種意圖的說明，我們以嶄新的方式將工藝和材料結合在一起。這種 3D 列印中底材料不僅能做出好跑鞋，還能用性能參數推進真正的定製體驗，滿足運動者的任何需求。」

11.1.2　每個人都能聽到自己喜歡的音樂

於 2006 年成立的聲田是串流媒體音樂領域的先行者和最著名的代表性公司。近年來，數位音樂市場的內部結構發生了巨大變化。iTunes 式的永久下載量逐年走低，而聲田式的串流媒體訂閱逐漸興起。根據美國唱片業協會的統計，在美國市場中，串流媒體音樂的訂閱收入於 2016 年正式超越音樂下載的收入，成為音樂出版業收入的最大來源，占比達到 51.4%，付費流媒體用戶數量達到 2260 萬人，流媒體播放超過 4,320 億次。與永久下載相比，流媒體訂閱使用戶可以隨時收聽更多的曲目，也便於社交分享。

個性化推薦是串流媒體音樂服務差異化的關鍵。多家串流媒體音樂服務商在價格、曲目、音質上沒有顯著差別，而個性化推薦和獨家內容是主要的差異點。豐富的音樂內容不再是衡量音樂平台的重要指標，如何幫助用戶快速找到自己喜歡的音樂成為關鍵。聲田將資料演算法和人工結合，準確把握使用者喜好，幫助用戶發現新音樂。聲田的音樂編輯會手動創建不同風格、不同主題的歌單，以便在不同的時間推送給不同的用戶。

聲田於 2015 年推出 Discover Weekly，每週向用戶推薦 30 首歌曲，這成為聲田最著名的功能。到 2016 年 5 月，Discover Weekly 已收穫了 4000 萬用戶，累計播放了 50 億首歌曲。超過一半的用戶每週至少聽 30 首歌曲中的 10 首，超過一半的用戶將至少一首歌曲保存到自己的播放清單中。Discover Weekly 時常給用戶帶來驚喜，使用戶發現自己之前不瞭解但一聽就入迷的音樂，一些小眾藝人得以被用戶發現。鑒於 Discover Weekly 的成功，聲田隨後又推出了 Release Radar、Daily Mix、Fresh Finds 和 Spotify Running 等功能，從不同角度為使用者推薦音樂。

個性化推薦使聲田獲得了較高的用戶黏性。根據 Verto Analytics 的資料，在排名前 10 的音樂平台中，聲田的用戶黏性（用戶黏性＝平均每日用戶數量／每月用戶數量）是最高的，達到 25%。除此之外，用戶每月平均使用該平台 51 次，遠遠高於第二位 Amazon Music 的 27 次。

聲田歷史上多次小規模收購也都是圍繞個性化推薦進行的，具體如下。

• Niland：位於巴黎的初創公司。不同於一般的音樂推薦，該公司使用人工智慧技術，通過對音樂樂譜進行分析，尋找相似的音樂並推薦給使用者。此項技術能更有效地將新推出的音樂推薦給特定使用者。因為新推出的音樂缺少有關使

用者收聽習慣的資料，常規的音樂推薦方式不能準確地將其推送給特定用戶，影響用戶體驗。

• MigthyTV：於 2016 年 4 月成立，總部位於紐約。MigthyTV 借助機器學習演算法，結合使用者個人偏好資訊和使用者評論，通過資料分析，為使用者推薦影單。另外，MigthyTV 還通過電子郵件和臉書，為用戶推薦適合多人觀看的影單。

• Sonalytic：於 2016 年成立，主要致力於開發音訊識別技術，可以識別歌曲、混合內容和音訊片段。通過對音訊的分析，Sonalytic 還可以識別音樂衍生品中的音樂要素和音樂資訊。Sonalytic 還開發了一種能夠進行自主學習的音樂推薦技術，與普通的音樂推薦技術不同，該技術能夠根據使用者的文字和動作回饋、所處的環境（健身或旅遊等）及聽歌習慣找到他們喜歡的歌曲。

11.1.3　知你心意的服裝

垂衣主要為 25~40 歲的中高端男性消費群體提供服裝訂閱服務，使用者只需支付訂閱費，即可定期收到由平台為其挑選的個性化服裝。

基本流程如下。

（1）成為會員。

用戶支付 299 元會員費即可成為會員，在完成簡單的風格測試後，平台會為其匹配造型師（專業著裝顧問），用戶可享受由平台提供的每年至少 4 次的服裝推薦服務，以及獲得造型師的一對一專業造型建議。

（2）收取「垂衣盒子」。

在每次服務前，平台提前 7 天與用戶溝通以確認其穿搭需求，然後準備「垂衣盒子」（其中共有 6 套服裝，總價值約為 4000 元，既有幾百元的平價品牌，也有數千元的高端品牌），在用戶支付 500 元定金後，平台將「垂衣盒子」寄給用戶。

（3）在家試穿、支付。

用戶在收到盒子後，有 7 天時間逐一試穿，留下喜歡的服裝並付款，其餘免費退回（盒子中含有退貨快遞單，用戶可直接與順豐快遞預約上門取件）。

現階段，垂衣的用戶在初次試穿後的全退率約為 30%，大部分使用者都會在

第二次收到服裝後進行購買。目前來看，每個盒子的推薦購買率為 55%，用戶的季度重複購買率從 30% 提升到了 60%~70%。

11.2 猜你喜歡的推薦引擎

個性化推薦引擎能夠根據使用者的特徵和偏好，通過採集、分析用戶在端上的歷史行為，瞭解用戶是什麼樣的人、行為偏好是什麼、分享了什麼內容、產生了哪些互動回饋等，最終理解和得出符合平台規則的使用者特徵和偏好，從而向使用者推薦感興趣的資訊和商品。

11.2.1 個性化推薦的 5 個要素

個性化涉及 5 個要素：生產者、內容、消費平台、消費者、回饋。生產者生產內容並發佈到消費平台中，消費平台基於一定的規則將內容組織起來，消費者在消費平台中使用該內容的行為會形成回饋。

（1）生產者：可以是用戶，也可是專業人士。用戶生產：如各大論壇、博客和微博網站，其內容均由使用者自行創作，管理人員只負責協調和維護秩序；專業人士生產：如各大新聞網站、影音網站，其內容為內部自行創作或從外部花錢購買版權。

（2）內容：由生產者生產，個性化以內容為根本基礎，此為本質。

（3）消費平台：提供內容以供消費者訪問的平台，如網站、應用等。

（4）消費者：進入平台尋找內容的訪問使用者。

（5）回饋：消費者在消費平台中與內容的互動行為，如在網易新聞中，用戶按一下某條新聞並閱讀詳細內容時，便形成了一則回饋。其按一下某個頂部導航標籤、添加或刪除某個頻道、收藏或分享某篇文章及重複按一下某篇文章等行為都可以看作回饋。而網易新聞可以根據這些回饋，通過技術的方法建立該使用者的常規興趣模型及近期興趣模型；然後應用該模型進行試錯，根據行為方差再進行調整，促使該模型不斷改進，從而越來越接近用戶的真實偏好。

11.2.2 網易雲音樂的推薦演算法

在音樂類應用已經步入紅海市場時，網易雲音樂卻能脫穎而出，在兩年半的時間裡突破一億用戶，這其中，其個性化推薦技術發揮了重要作用。公眾號「機器互能」對此進行了詳細剖析。

1．協同過濾演算法「人以群分」

實際上，網易雲音樂的個性化推薦演算法與今日頭條、Bilibili 及很多 O2O 電商平台應用的基礎推薦演算法大同小異，都屬於協同過濾演算法。簡單來說，該演算法的預測基於人與人之間相似的消費模式。例如，我有兩首喜歡的歌，而你的歌單裡也有這兩首歌，所以你的歌單裡可能存在其他我喜歡的歌。

協同過濾演算法可以分為兩類：基於使用者的協同過濾演算法與基於專案（單曲）的協同過濾演算法。

（1）基於使用者的協同過濾演算法。

基於使用者的協同過濾演算法示意如圖 11-2-1 所示。

用戶 / 物品	物品 A	物品 B	物品 C	物品 D
用戶 A	✓	—	✓	推薦
用戶 B	—	✓	—	—
用戶 C	✓	—	✓	✓

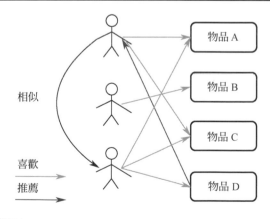

資料來源：公眾號「資料採擷工人」。

圖 11-2-1　基於使用者的協同過濾演算法示意

　　舉例來說，假設我與小明收藏的歌單相似度很高，那麼在判斷我們偏好相似的基礎上，可以向小明推薦我的歌單裡有但她的歌單裡沒有的歌曲。

（2）基於項目（單曲）的協同過濾演算法。

　　基於專案的協同過濾演算法示意圖如圖 11-2-2 所示。

用戶 / 物品	物品 A	物品 B	物品 C
用戶 A	✓	—	✓
用戶 B	✓	✓	✓
用戶 C	✓	—	推薦

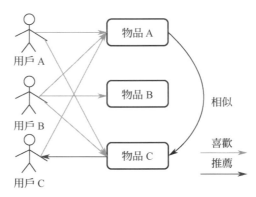

資料來源：公眾號「資料採擷工人」。

圖 11-2-2　基於專案的協同過濾演算法示意

　　基於項目的推薦就是基於用戶對一首歌的偏好來計算單曲之間的相似度，在比對相似度的基礎上，根據一位用戶的歷史偏好為另一位用戶推薦單曲。舉例來說，小歆下載了《勇氣》《小情歌》兩首單曲，小宜下載了《勇氣》《天黑黑》《小情歌》三首單曲，小藝下載了《勇氣》，那麼根據這些使用者的歷史偏好，網易雲音樂可以判斷《勇氣》與《小情歌》是相似的，喜歡《勇氣》的用戶可能也會喜歡《小情歌》，那麼就可以把《小情歌》推薦給小藝。

　　如果你仍然覺得對協同過濾演算法理解困難，那麼可以將其簡單理解為「人以群分」。這種本質上基於用戶偏好相似度的推薦模型，在無形中讓使用者在聽音樂的過程中組成了一個個「彼此聊得來」的社群。

2．神經網路模型下的「物以類聚」

協同過濾演算法離不開使用者歷史資料的支撐。在資料量龐大且資料足夠乾淨的情況下，協同過濾演算法是非常強大的。但是，假如我是一個新用戶，或者我使用網易雲音樂的頻率特別低，那麼，在資料稀少的情況下，網易雲音樂應該怎麼獲知我的偏好呢？這種冷開機問題意味著交叉使用不同演算法模型的必然性，而下面介紹的演算法能在一定程度上解決這個問題。

基於內容的推薦是以區分單曲內容實質為核心的推薦方式，可看作「物以類聚」。

著名音樂串流媒體平台聲田的內容推薦模型的建立者之一桑德爾，曾在一篇名為《卷積神經網路在音樂推薦中的應用》的文章中具體闡述了使用單一協同過濾演算法可能存在的誤差。

（1）除使用者及消費模式資訊外，協同過濾演算法不涉及被推薦單曲本身的任何資訊。因此，熱門音樂就比冷門音樂更容易得到推薦，因為前者擁有更多的資料，而這種推薦往往是很難讓人感到驚喜的。

（2）基於項目（單曲）的協同過濾演算法存在相似使用模式下的內容異質問題。例如，用戶聽了一張新專輯裡所有的歌，但除了主打歌，其他的插曲、翻唱曲及混音曲可能都不是歌手的典型作品，那麼協同過濾演算法就會因為這些雜訊而產生偏差。當然，它最大的問題是「沒有資料，一切皆失效」。

因此，基於內容的推薦演算法是對協同過濾演算法的一種補充——假如沒有大量的使用者資料，或者使用者想聽冷門歌曲，那就只能從音樂本身尋找解決方案了。網易雲音樂針對這類問題採取了基於內容的推薦演算法，利用深度學習建立基於音訊的推薦模型。

如果要找出單曲與單曲之間的內容差異，維度是非常多的，如藝術家及專輯資訊、歌詞、音樂本身的旋律及節奏、評論區裡的留言、是否是 VIP 下載歌曲、是否付費等，這涉及相當龐大的運算量。

因此，需要通過特徵 Embedding 和降維方法，將大量特徵映射到低維的隱形變數空間中，在這個空間裡，每首歌都可以有一個座標，而座標值就是包括音訊特徵、使用者偏好在內的多重編碼資訊。那麼，如果我們直接預測了一首歌在這個低維空間中的準確位置，也就明確了這首歌的表徵（包括使用者偏好資訊）。

這樣就能夠把它推薦給合適的聽眾，並且不需要歷史資料。

網易雲音樂同時也應用了機器學習排序模型，這種模型也基於使用者行為資料與相似度。通俗來講，就是在用戶的每日推薦歌單裡，第一首歌通常是系統認為與使用者的喜好匹配度最高的一首。

11.3 大規模定製生產

大規模定製的概念已經存在了很長時間，近年來，技術進步和管理創新等因素讓大規模定製逐漸落地並普及起來。

11.3.1 不可能三角

大規模定製希望將大規模生產和個性化定製兩者的優點結合起來，但這一想法在現實面前遇到了巨大的挑戰，因為大批量、低成本、個性化三者很難兼得，構成一個「不可能三角」。如果要實現大批量、低成本，一般來說就要標準化；如果要實現大批量、個性化，成本就會急劇提升，沒有吸引人的效益；如果既要保證個性化又要保持低成本，通常無法實現大規模生產，只能少量生產，無法滿足市場需求，也不划算。

大規模定製的願景如圖 11-3-1 所示。

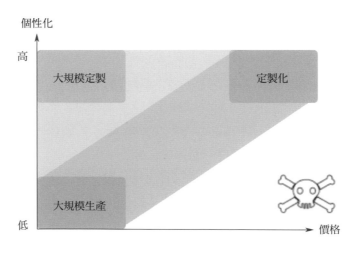

圖 11-3-1 大規模定製的願景

大規模定製旨在實現低價格和高個性化的第三個角落，許多企業已經以接近大規模生產的價格實現了高水準的定製。第四個角落是企業的滅亡。如果產品的個性化程度和價格比競爭對手低，那麼企業要想擁有良好的商業模式將非常困難，除非擁有其他重要優勢（如品質、品牌形象、壟斷等），否則企業最終將會走向滅亡。

大規模定製面臨的問題主要有以下幾點。

（1）成本較高：大規模定製面臨的最大挑戰可能是它不適合所有市場、客戶和產品，如大多數客戶對定製燈泡或洗滌劑並不感興趣。此外，定製產品的成本更高，導致其價格也要相應提高，例如，某常規產品的售價約為 35 美元，而相應的定製產品的售價約為 54 美元。

（2）經濟效益不佳：如果考慮收益，那麼對大多數商業類型而言，大規模定製不是經濟上的可行選擇，其更適用於高端奢侈品，如高端服裝和汽車等。

（3）退貨挑戰：大規模定製也會在產品退回時給製造商帶來很多問題。因為產品是根據客戶的獨特喜好生產的，是獨一無二的。因此，大多數提供定製服務的公司沒有任何退貨政策或只在特定的情況下承擔退貨損失。

（4）供應鏈挑戰：大規模定製面臨的最大障礙是大多數企業的供應鏈無法滿足需求。供應商系統大多是經過設計和優化的，用於生產預先安排好的產品，無法滿足不可預見的需求。許多企業甚至沒有集成最新的供應鏈管理程式，如即時庫存和自動化計畫，這導致大規模定製的靈活性較低。當前商業世界中的供應鏈推式供應鏈，而與大規模定製相關的供應鏈基拉式供應鏈，只有當企業在大規模定製和大規模生產之間妥協以創建標準產品並以可以在未來定製的方式對其進行配置時，才能解決這種供應鏈問題。對大多數企業而言，在供應鏈問題無法解決時，大規模定製在經濟上是不可行的。

這意味著大多數企業只能部分實施大規模定製，但低程度的個性化也可以為製造商提供一定優勢。

11.3.2　技術基礎

技術的不斷進步使不可能三角成為過去式。通過人工智慧、混合現實、3D 列印等技術，製造商可以即時回應客戶需求，滿足大規模定製的需要。

　　倫敦男士定製鞋履品牌 The Left Shoe Company 運用 3D 掃描技術來定製男鞋。顧客在踏上 3D 掃描器後，3D 掃描器從各角度測量雙腳參數，然後創建高度精確的 360 度 3D 模型。公司根據 3D 模型和相關資料來「量腳定做」最適合顧客的鞋子，顧客只要指定造型、顏色和材質即可。這種方式讓尺寸測量更為精準，打造出的鞋子更加合腳。

　　為了滿足用戶對車型外觀的個性化需求，日本豐田旗下大發汽車與美國 Stratasys 合作，推出了車身部件 3D 列印服務，可以對大發旗下 Copen 車型進行部件定製。這種列印出來的汽車部件稱為「表面效應」，使用者可以根據自己的喜好，對愛車進行 10 種顏色、15 種幾何形狀的定製。當然，組合搭配也是可以的。這要歸功於 3D 列印的靈活性，與傳統技術相比，3D 列印部件所需的時間僅為幾周，而常規製造方式則需要幾個月。

　　Nike 早在 2013 年就開發出一款稱為「蒸汽雷射爪」（Vapor Talon Boot）的 3D 列印運動鞋。2018 年 4 月，Nike 推出新款 Nike Zoom Vaporfly Elite 運動鞋，首次將 3D 列印織物技術運用於功能性運動鞋。

11.3.3　四種類型

　　大規模定製有四種基本方法：合作型定製（Collaborative Customization）、透明型定製（Transparent Customization）、裝飾型定製（Cosmetic Customization）和適應型定製（Adaptive Customization）。

　　（1）合作型定製是指定製企業通過與客戶交流，幫助客戶明確自身需求，準確設計並製造出能夠滿足客戶需求的個性化產品。

　　（2）透明型定製是指企業為客戶提供定製化的商品或服務，而客戶並不會清楚地意識到這些產品和服務是為其定製的，也就是說，客戶並沒有參與商品的設計過程。這種定製方式適用於定製企業能夠預測或簡單推斷出客戶具體需求的情況。

　　（3）裝飾型定製是指企業以不同的包裝把同樣的產品提供給不同的客戶。這種定製方式適用於客戶對產品本身無特殊要求，但對包裝有特定要求的情況。

　　（4）適應型定製是指企業提供標準化的產品，但產品是可定製的，客戶可根據自身需求對產品進行調整。

11.4 **案例研究：Stitch Fix**

美國 Stitch Fix 以優惠的價格，為使用者提供個性化的造型建議，每月為使用者精心挑選五件服飾並送貨上門（每次送貨稱為一個「Fix」）。顧客須支付 20 美元的造型費，如果決定購買其中任何一件服飾，這 20 美元可以抵扣相應費用，而如果五件都買，還可以打七五折。

Stitch Fix 的創立人 Katrina Lake 不僅擁有豐富的零售知識，還在史丹佛大學積累了有關回歸分析和計量經濟的知識。她認為，某個人是否喜歡某件服飾，會受到一些客觀因素和一些非客觀因素的影響，而她用下述方法，將所有因素整合成一個極具創新性、由科技推動的大規模個性化生態系統。

（1）通過有意義的管理策劃降低複雜度。

就像許多個性化串流媒體服務一樣，Stitch Fix 的推薦服務也會隨著顧客使用次數的增多而越來越好。通過演算法，先給出建議供造型師參考，造型師再利用自己的個人經驗和知識，為顧客提供造型建議，最後反映到精選的五件服飾上。而隨著顧客購買次數增加、顧客回饋增多，之後的服飾會越來越符合顧客需求。

（2）結合演算法與人的判斷。

Katrina Lake 認為，Stitch Fix 的定製模式之所以能成功，主要歸功於基於資訊的演算法，以及演算法背後的資料科學家。

Katrina Lake 聘用了資料科學家 Eric Colson 擔任首席分析官，Eric Colson 曾任職於網飛。Katrina Lake 表示：「Eric Colson 是獨一無二的。」Eric Colson 說：「我們要做的不是銷售，而是找出關聯性。」換句話說，要先讓顧客從 Stitch Fix 得到價值，之後 Stitch Fix 才能從顧客那裡得到價值。

同時，如果顧客表示想要嘗試新風格，造型師就可以跳出這位顧客平常的服裝舒適圈，利用新的風格和設計，進一步為這位顧客量身打造定製化選項。

（3）注意未成交的交易。

如果顧客沒有購買 Stitch Fix 為其精心挑選的任何一件服飾，Stitch Fix 會通過調查等方式瞭解原因。Katrina Lake 表示：「真的沒有想到顧客願意向造型師提供這麼多資訊。」他們提供的不僅是「我討厭條紋」或「我穿藍色不好看」之類的資訊，而是全然坦誠的資訊，如減重的歷程，甚至在通知家人之前，先告訴

造型師自己懷孕的消息。Katrina Lake 認為，顧客願意提供這些資料，Stitch Fix 就有責任好好運用，讓下一次的 Fix 更符合顧客需求。

（4）建立完整的生態系統。

除了服務顧客，Stitch Fix 還進一步改變商業模式，關照另一個沒有獲得足夠關注的客戶群——造型師。Katrina Lake 發現，許多造型師都希望工作時間更具彈性，也希望能遠端上班。於是 Katrina Lake 創造出這樣的環境，從而讓造型師盡情發揮自己的才能。工作時間和上班地點都是彈性的，因此 Stitch Fix 有更多人才可供挑選，能找出最佳的造型師。Katrina Lake 以這種方式來滿足造型師的需求，因此得以創造出更完整的生態系統，有助於公司持續成長。

隨著定製化需求的增加，訂閱企業必須平衡藝術與科學、主觀與客觀（加上足夠的人情味，讓顧客感覺得到了照顧），設法擴大定製化規模。

第12章

跨過中間商，直面消費者

　　如今，新一代具有顛覆性的企業——直接面向消費者的創業企業出現了。他們從一開始就自己生產產品、自己投放廣告、自己銷售和運輸產品，把分銷商、廣告商等中間商排除在外。

　　2017 年 2 月，美國鞋店銷售額下降 5.2％，創下自 2009 年以來最大幅度的同比下滑。經營平價鞋的 Payless ShoeSource 在 2017 年 4 月宣佈破產，關閉了其在全美範圍內的 1200 家門店。與此同時，直接面向消費者的鞋類新品牌 Allbirds（收入為 1600 萬美元）、Jack Erwin（收入為 600 萬美元）和 M. Gemi（收入為 900 萬美元）在五年內獲得了近 15 個百分點的市場份額。另外，吉列在美國男士刮鬍刀市場中的占比從 2010 年的 70％降至 2016 年的 54％，其中大部分占比轉移至 Dollar Shave Club、Harry's 等直接面向消費者的訂閱企業。

　　2010 年，四個學生在華頓商學院認識，他們成立了一家公司 Warby Parker，直接引發了一場創業革命。其基本邏輯：在網上直接面向消費者銷售眼鏡。當時很少有人認為這種想法行得通，2018 年 3 月，Warby Parker 的估值已經達到了 17.5 億美元，它的創立故事已經成為華頓商學院的一個傳奇。Warby Parker 聯合創始人 Neil Blumenthal 和 Dave Gilboa 經常在華頓商學院做客座演講，Warby Parker 的第三位聯合創始人 Jeff Raider 也是如此，他後來參與了刮鬍刀訂閱品牌 Harry's 的孵化。

　　國外將這種營運方式稱為 DTC 模式。DTC 是 Direct To Consumer 的縮寫，意為「直接面對消費者」，即品牌方直接觸及消費者。我們用更「接地氣」的話來講，就是「沒有中間商賺差價」。而這個中間商就是傳統的協力廠商銷售管道，包括零售商、批發商、分銷商及廣告商。

傳統品牌並不直接面向消費者，而是通過中間的相關廣告機構與管道影響消費者的購物行為。1879—2010 年是傳統品牌時代：品牌需要擁有財務、採購、研發、製造、物流、配送等能力，與代理商、媒體、消費者、零售商一起構成完整的產品銷售閉環，如圖 12-1 所示。

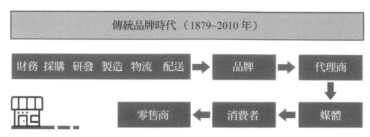

資料來源：IAB《2019 DTC 品牌報告》

圖 12-1　傳統品牌時代

DTC 品牌則砍掉了中間的層層環節，直接和消費者接觸，最大限度地減少中間環節和降低中間成本，給消費者更優質的產品和更實惠的價格。2010 年之後，市場進入 DTC 品牌時代，DTC 品牌崛起，產品研發、內容行銷、使用者體驗、資料分析成為品牌在初創期和發展期中至關重要的環節。DTC 品牌時代如圖 12-2 所示。

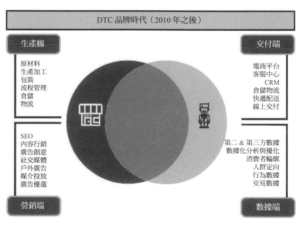

資料來源：IAB《2019 DTC 品牌報告》

圖 12-2　DTC 品牌時代

　　DTC 品牌和傳統品牌在銷售路徑、傳播管道、價格、品牌信任度、品牌發展時間等方面都有區別，具體如表 12-1 所示。

表 12-1　DTC 品牌和傳統品牌的區別

品　牌	DTC 品牌	傳統品牌
銷售路徑	以網路上官網直銷為主	以經銷商與零售門店為主
傳播管道	垂直媒體 / 社交媒體 （互動溝通，精準小眾）	大眾媒體 / 明星代言 （單向傳播，受眾廣泛）
價格	經濟（節約中間成本）	昂貴（大量的中間成本）
品牌信任度	高	逐年降低
品牌發展時間	快速	緩慢

資料來源：IAB《2019 DTC 品牌報告》。

12.1　DTC 品牌特點

　　（1）產品設計策略：少即是多，簡約而不簡單。

　　床墊 DTC 品牌 Casper 認為，市場上的床墊品牌數量多、產品價格混亂，眾多的產品使消費者無從選擇。因此其只提供一種床墊，在設計、包裝等方面貼合絕大多數人的使用習慣，並告訴消費者：「這是最好的，你無須選擇。」

　　（2）注重用戶體驗：端對端服務，重視每一個使用者觸點。

　　端對端（End to End）的概念來自電腦行業，意為從輸入端（需求端）到輸出端（產品端）的精準直連。很多 DTC 品牌在創立之初就意識到，需要通過差異化的服務來提高使用者觸達率。

　　Warby Parker 瞭解到人們不喜歡購買無法試戴的眼鏡，於是便讓用戶挑選 5 副眼鏡，在試戴後留下最喜歡的那副。

　　Glossier 為用戶提供了膚色對應，用戶上傳一張照片並將數碼棒放到臉上，這款工具就會告訴用戶哪種顏色最適合自己的膚色。與大型百貨商店裡的零售櫃檯相比，線上膚色對應的創建和維護更加容易，成本也更低。

　　（3）平價替代大法：價格透明，採取低價策略，去除非必要溢價。

　　Deciem 旗下有數十個品牌，其中最具代表性的品牌有三個：Niod、

Hylamide 和 The Ordinary，分別對應不同的價格段和產品痛點。例如，The Ordinary 對應的是「低端」配方和「基礎」成分，因為其大部分產品使用價格低廉但成效顯著的原料（如維 C、維 A 醇和煙醯胺），可以保證較低的價位。

　　服裝 DTC 品牌 Everlane 在創立之初就設計了一張成本資訊圖（見圖 12-1-1），直接利用社交媒體告訴消費者，品牌製作一件設計師 T 恤包含哪些「實際成本」。這一帖子在社交媒體迅速走紅，不僅樹立了「完全透明」的 Everlane 品牌形象，還推動了該公司第一款產品的銷售。根據 Business Insider 的報導，社交媒體活動在一年內為 Everlane 吸引了 20 萬用戶。

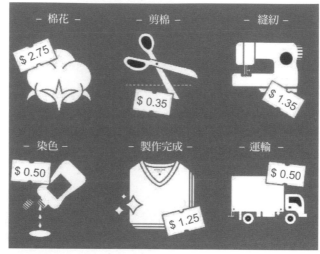

資料來源：IAB《2019 DTC 品牌報告》。

圖 12-1-1 Everlane 的成本資訊

12.2 DTC 品牌優勢

　　對消費者來說，直接向品牌商購買產品，既能確保正品，又能享受快速的售後服務。

12.2.1 更多的控制，更好的購物體驗

　　根據 Gartner 的報告，客戶體驗是新的行銷戰場。DTC 領域的公司需要意識到，客戶不僅有多種購買選擇，還有多種管道可以表達自己的購物感受。客戶體

驗涉及所有的品牌互動，包括售前和售後服務。因此，對客戶體驗的投資隱藏在其他所有類別的支出當中。

關注用戶體驗是市場趨勢，DTC 品牌順應趨勢，拉近了與消費者的距離，生產商能夠直接獲得消費者的喜好資料及其提供的建議，從而可以更好地改良產品。相較於傳統品牌，生產商與消費者的直接對話基於對使用者體驗的關注，這是一個雙贏的長遠戰略，在免費試用、產品改良及包裝體驗上都比以往更加用心。

（1）免費試用。

DTC 品牌的生產商給消費者提供免費試用的機會，試用時間一般為一周，甚至更長。這能給消費者足夠的時間去體驗產品，是提高使用者黏性的加分項。

（2）產品改良。

在產品改良方面，DTC 的品牌採用「低價＋高品質」的組合，透過減少中間環節，利用節省的成本來提高產品品質，出售的價格也相對較低。性價比永遠是消費者最關注的點，商家為追求低價而偷工減料的做法並不少見，但這種做法可以說是把自己逼進一個「死胡同」裡，即使日後產品品質有所改善也無法獲得消費者的信任。通過 DTC 銷售管道，消費環節設有評論板塊，一方面，能讓生產商更好地瞭解消費者的需求，從而在品質方面發力，提高用戶黏性；另一方面，生產商能夠依靠口碑，吸引新的使用者群體，擴大消費規模。

（3）包裝體驗。

DTC 品牌的生產商在包裝上也花了不少心思，他們從消費者的角度出發，認為消費者不僅在意產品本身，對產品包裝也十分關注，在強大的社交媒體背景下，消費者可能會在自己收到產品時「秀」一下。生產商抓住消費者這一心理，賦予產品包裝以設計感，有的生產商甚至提供裝飾品，讓消費者裝飾自己的產品，親自動手更有體驗感。

直接面向消費者的品牌可以更好地滿足客戶需求，因為他們可以在一定程度上控制客戶體驗。通過直接向消費者銷售，DTC 品牌可以按照自己的想法創造「客戶之旅」，創造獨具特色的購物體驗，這能夠幫助客戶感受與品牌的聯繫，從而提高客戶忠誠度。

Ollie 是一家狗糧公司，透過向用戶進行問卷調查獲得有關用戶的狗的所有資訊。Ollie 有一個簡單的使用者入門流程，在使用者說出狗的名字時，使用俏

皮的動畫來表明公司對狗和它的健康情況的關心。

DTC 品牌瞭解客戶滿意度的終生價值，盡力建立客戶友好、人性化的客戶體驗。

12.2.2 累積使用者資料，實現差異化競爭

產品在不同管道中的退貨率不同，通過品牌獨立網站上的購物資料，商家可以瞭解消費者為什麼退貨，利用這些資料對產品進行改進，可以在降低退貨率的同時提高營運利潤。另外，通過對使用者購物資料進行分析，商家可以實現差異化優勢，如在品質、風格、價值、便利性或其他方面形成顯著的差異化。

直接面向消費者的銷售模式能夠收集到大量的消費者資料，這使得學習客戶行為、跟蹤客戶回應及有針對性地開發潛在客戶變得非常簡單。

DTC 模式還可以更好地理解客戶。在傳統零售模式中，消費者資料通常由零售商和分銷商進行收集和保護。消費者行為資料對傳統品牌來說不是必需的，但隨著品牌向 DTC 模式的轉變，這些資料已經成為創造良好客戶體驗的必要條件。為了與客戶保持戰略聯繫，品牌必須對客戶的購買行為有深刻的理解。

由於 DTC 公司可以控制客戶體驗，因此他們能夠從線上和離線交互中收集有價值的資料。然後，他們可以利用這些資料來瞭解非 DTC 公司無法以何種方式推動參與度和收入的提升。

Warby Parker 希望幫助客戶找到自己最喜歡的鏡框，其向客戶發送 Home Try-On 套件，客戶在購買之前可以獲得五個免費鏡框。Warby Parker 通過 Home Try-On 計畫收集離線資料，並將收集到的資料與後續線上購買資料相關聯，從而構建更好的線上推薦工具。

「靈活的環境、機器學習演算法、資料等都是我們可以分享的東西。」Warby Parker 聯合創始人 Neil Blumenthal 說。「DTC 品牌建立在資料的基礎之上，以此創建高度量身定制、功能強大的解決方案。」Forrester 的副總裁兼首席分析師 Dipanjan Chatterjee 表示。

當然，收集資料只是「戰鬥」的一半。公司必須整合所有管道的資料，以全面挖掘深度資訊並改善客戶體驗。

12.2.3 直接溝通，獲得更快的回饋

通過零售商進行銷售的一個主要缺陷是，生產商失去了一個重要的瞭解客戶的視窗。在通過百貨商店進行銷售時，需要品牌預先生產大量產品，或許要在幾個月或幾年之後才會發現銷售情況不佳。去除中間環節可以獲得即時回饋和資料寶庫，這對於創造好的產品至關重要。

線上零售商 DSTLD Jeans 通過銷售資料瞭解到，黑色緊身牛仔褲在較小尺碼下的銷售情況較好，而直腿款式則適用於較大尺碼，從而據此調整了生產計畫。另外，線上服裝品牌 AYR 和 Bonobos 經營了充當「測試廚房」的商店，客戶可以直接向設計師提供有關新產品的回饋，而傳統零售模式則缺少這種關鍵環節。

直接面向消費者的銷售允許企業與客戶分享自己的品牌故事，以便與客戶建立更好的關係。通過這些客戶關係，企業可以提出更具針對性的價值主張。企業與客戶之間的直接聯繫有助於建立零售商模式無法實現的信任和熟悉度。

實現這一目標的唯一方法是從銷售週期的開始到結束始終保持對消費者體驗的控制。這就是為什麼許多初創公司和一些傳統品牌要擁有自己的銷售管道。通過直接向消費者銷售，這些企業能夠更好地滿足客戶需求並與客戶建立良好的關係，有助於確保企業未來的穩定性和長久性。

12.3 DTC 品牌崛起原因

DTC 品牌的成長受諸多因素的影響，如消費者消費習慣、社交媒體行銷策略等，大量新品牌在消費品這個傳統意義上成長速度相對較慢的賽道上，成長速度堪比科技公司。

12.3.1 年輕消費者的推動

首先，網路的發展帶來了資訊傳播管道的革命性轉變。年輕消費者獲取資訊的方式，從之前的廣播、電視、報紙等傳統媒介，全面向網際網路、搜尋引擎、影音內容網站、社交媒體轉變。年輕消費者對品牌相關資訊的獲取，也從其父輩相信的大媒體、明星代言、品牌廣告等，向更加去中心化的社交媒體的內容、來自其他普通消費者的意見、網路意見領袖的意見等快速轉變。因此，相對於依賴

傳統媒體管道進行行銷的傳統品牌，網路原生的 DTC 品牌能更好地把握年輕消費者的資訊獲取管道。

其次，歐美的年輕消費者更加重視個性化與個人體驗，他們成長於商品十分豐富的時代，有非常多的選擇。社交媒體的興起給了年輕消費者充分的追求個性和自我表達的機會，他們對權威與集體主義具有一定的排斥性。他們對品牌的關注，更多的不是品牌是否大牌，而是產品是否符合自己的個性化需求，以及產品能否給自己帶來了良好的個人體驗。

最後，從經濟角度來看，以千禧世代為代表的年輕消費者相對來說「囊中羞澀」。如在 2000 年網路經濟泡沫破滅以後，美國的經濟就長期處於低增長階段。因此，年輕消費者在商品選擇上更加務實，也更加注重商品的實用性、品質和經濟性。

總體來說，年輕消費者將個人體驗、產品品質和價格放在品牌知名度之前，這也是 DTC 品牌興起最重要的「土壤」。

12.3.2 相當完善的第三方服務

無論是在需求鏈中還是在供應鏈中，技術都能降低新市場的進入門檻。新進入者比以往任何時候都速度更快、成本更低，可以品牌化、行銷和分銷趨勢產品，這些趨勢產品能夠與潛力巨大的客戶群產生共鳴。

推動 DTC 發展的另一個關鍵因素是電子商務協力廠商服務的完善，這意味著企業可以非常簡單地創建直接面向消費者的線上商店，很多環節都可以交給第三方來完成。以前即使企業有建立 DTC 的想法，也很難落實。而現在，有了這些第三方服務的支援，企業能夠以極低的成本快速建立 DTC 模式。

（1）物流服務：我們已經可以看到一些適合 DTC 品牌的物流服務，如允許企業以低銷量開始國際銷售業務。柏林的 Seven Senders 就是一個很好的例子。

（2）包裝服務：已經有一些圍繞包裝進行創新的企業，以較小的批量生產高品質的定制包裝。一個很好的例子是波蘭的 Packhelp。

（3）聚合平台：這是一個橫向功能。Indigo Fair 聚合 DTC 品牌，致力於改變零售商採購商品的方式。

（4）行銷服務：這對於 DTC 品牌的崛起非常關鍵，已經有很多專門的第三

方行銷服務機構針對 DTC 品牌提供服務。同時，臉書、谷歌等網路廣告平台也非常適合採用 DTC 模式，因為廣告投放非常精準，並且起點很低。

（5）代工生產：許多 DTC 品牌使用與大眾品牌甚至奢侈品牌相同的代工廠，這並不是秘密。由於有眾多的化妝品代工廠，很多 DTC 品牌只需專注品牌和研發就可以了，然後把具體的生產製造業務外包給代工廠。

12.3.3　網際網路的大規模連接

社交媒體也是 DTC 品牌成長背後的關鍵力量。社交媒體的作用在於，其為公司創造了與消費者直接聯繫的機會。臉書、微信、YouTube、抖音等社交平台讓品牌可以大範圍直接、低成本地接觸消費者。品牌可以創建跨管道體驗，通過獨特內容吸引消費者，提高消費者對品牌的認知度、忠誠度。

Casper 是一家新興的床墊公司，是典型的 DTC 品牌。在 Instagram 和 Twitter上，你可以找到大量與 Casper 產品相關的圖像、動圖和影片。Kylie Jenner 於2015 年 3 月發佈了她的新 Casper 床墊的照片，之後她收到了超過 80 萬的「喜歡」，並且使 Casper 的床墊銷量翻了一番。

第*13*章

趨勢展望

　　訂閱企業的進化速度很快，訂閱模式的各方面都在不斷創新，人工智慧技術在訂閱企業中的應用，深刻改變了訂閱企業的營運流程。各細分領域都開始出現訂閱創業企業，那麼，哪些領域適合採用訂閱模式？垂直型訂閱企業相對於平台型企業有哪些優勢？本章將從垂直細分、全球化、人工智慧這三個維度對訂閱經濟的趨勢進行展望。

13.1 垂直細分

　　2004 年 10 月，美國《連線》雜誌主編克裡斯・安德森提出了於網路時代興起的一種新理論——長尾理論。長尾理論的核心觀點：傳播、生產和行銷中的效率提高可以改變固有的商業模式，從規模化經濟（品種越少，成本越低）逐漸轉變為範圍經濟（品種越多，成本越低）。低價便捷的生產製造、網路中的大規模傳播、搜索與推薦系統等供需連接機制，這三種力量共同作用，大大降低了獲得利基產品的成本，訂閱的長尾市場形成。

　　訂閱企業可以經營多品種的產品，也可以進入細分市場經營單品種、多類型的產品。不管是多品種的產品還是單品種、多類型的產品，都可以在一定條件下形成長尾市場，構造出一個長尾曲線。越來越多的垂直細分訂閱企業的出現正是長尾理論的生動寫照，這是由需求曲線尾部的大量小眾需求驅動的。

　　下面以刮鬍刀和影片內容串流媒體為例進行分析。

13.1.1　刮鬍刀

在 Dollar Shave Club 誕生後不久，各式各樣的刮鬍刀訂閱服務都「冒」出來了。據不完全統計，目前已有 30 多種服務，如表 13-1-1 所示。

表 13-1-1 刮鬍刀訂閱企業不完全統計

序　號	企業名稱
1	Harry's
2	Dollar Shave Club
3	Bevel
4	BirchBox Man
5	Billie
6	Morgan's
7	Wet Shave Club
8	Happy Legs Club
9	Toppbox
10	Gillette Shave Club
11	BIC Shave Club
12	Cornerstone
13	Dorco
14	Bearded Colonel
15	The Personal Barber
16	Shavedog
17	The Beard Club
18	Bladebox
19	Luxury Barber Box
20	Brickell
21	Viking Shave Club
22	Shave Select
23	Luxury Barbe
24	Oui Shave
25	Flamingo
26	Dorco Classic
27	Huntsman Club
28	Women's Shave Club
29	Supply
30	KC Shave Co

序　號	企業名稱
31	Angel Shave Club
32	Shaves2U

　　這些刮鬍刀訂閱服務提供的產品種類多樣、價格不一，分別面向不同的人群和市場，具有各自的獨特優勢。

　　根據價格，刮鬍刀訂閱可以分為大眾、中端、高端三個細分市場。例如，Dollar Shave Club價格非常親民，入門級試用套裝的價格僅為5美元，包含刀片（2個）、刮鬍刀手柄、刮鬍膏等；Oui Shave則比較高端，僅一個刀片就需要9.9美元，一個刮鬍刀手柄需要75美元。部分刮鬍刀訂閱企業的訂閱價格如表13-1-2所示。

表 13-1-2　部分刮鬍刀訂閱企業的訂閱價格

序　號	企業名稱	訂閱價格
1	Harry's	8~24 美元 / 月
2	Dollar Shave Club	5~9 美元 / 月
3	Bevel	29.95 美元 / 月
4	BirchBox Man	10 美元 / 月
5	Billie	9 美元（入門套裝）
6	Morgan's	8~80 美元 / 月
7	Wet Shave Club	29.99 美元 / 月
8	Happy Legs Club	12 美元 / 月
9	Toppbox	19 英鎊（加運費 3.35 英鎊）/ 月
10	Gillette Shave Club	16.99~22.45 美元 / 月
11	Cornerstone	10 英鎊 / 月
12	荏狗	150 元 / 年
13	The Beard Club	1 美元 / 月（另加運費）
14	Bladebox	4.49 英鎊 / 月
15	Luxury Barber Box	26~30 美元 / 月
16	Brickell	21~46 美元 / 月
17	Women's Shave Club	1.99~9.99 美元 / 月
18	Supply	129 美元 /6 個月
19	KC Shave Co	59.95 美元 / 月
20	Angel Shave Club	9 美元（入門套裝）
21	Shaves2U	40 港幣 / 月

還有一些企業根據性別、皮膚類型等提供不同的刮鬍刀訂閱服務，如表 13-1-3 所示。

表 13-1-3　細分領域的刮鬍刀訂閱企業

序　號	企業名稱	用戶群
1	Oui Shave	皮膚敏感、毛髮較粗者
2	Brickell	皮膚敏感者
3	Harry's	男士
4	Dollar Shave Club	男士
5	BirchBox Man	男士
6	Billie	女士
7	Happy Legs Club	女士
8	Flamingo	女士
9	Women's Shave Club	女士
10	Angel Shave Club	女士

Harry's 專注於服務男性使用者，Flamingo 是 Harry's 旗下 Labs 孵化的產品線，專門面向女性用戶。

Flamingo 的產品包括一種軟膠脫毛條，用於去除傳統脫毛產品「力不能及」的、更短的毛髮。這條女性身體護理產品線的產品重點是脫毛產品和精選刮鬍刀（包括三色可選把手、刮鬍刀及刀片），以及脫毛蜜蠟工具套組、剃毛膏和身體乳。「在品牌剛建立的時候，我們打算做的是男女皆可使用的產品。在深入瞭解市場之後，我們開始意識到，男性和女性消費者在刮鬍子和脫毛方面需要不同的產品。」Harry's 聯合創始人 Jeff Raider 說。

而最早「顛覆」刮鬍刀市場的 Dollar Shave Club，卻在女士刮鬍刀市場缺了席。其投資人 Kirsten Green 表示，該品牌應該繼續關注男士市場尚未開發的潛力領域。

此外，Oui Shave、Brickell 面向皮膚敏感人群。

13.1.2　影音串流媒體

提到國外的串流媒體平台，大家對網飛一定不陌生，但除此之外呢？

「老司機」一定聽說過 Pornhub，「體育迷」免不了安裝 MLB.tv，「二次元

死忠」會經常刷 Crunchyroll，這些細分領域的串流媒體平台，雖然知名度不如網飛，但也在各自領域內風生水起，構成了一片廣闊的藍海市場。

在美國，網飛、YouTube、Amazon Prime Video 和 Hulu 被稱為串流媒體領域的「四大家族」。根據 comScore 的資料，這四大串流媒體平台佔據了用戶使用串流媒體時間的 75%。而網飛具有絕對領先優勢，是當之無愧的美國最大串流媒體平台。在英國、法國、瑞典和芬蘭等歐洲國家，網飛的市場份額在 70% 左右，也是一家獨大。

以網飛為代表的綜合性串流媒體平台，使用者規模大、覆蓋人群廣、內容非常豐富（包括紀錄片、喜劇片、恐怖片、科幻片、動漫等類別）。

而在大眾化的綜合性串流媒體平台崛起的同時，眾多針對特定人群的垂直細分的流媒體平台悄然出現，有為恐怖片影迷服務的 Shudder、「體育迷」最愛的 ESPN+，甚至還有專注於展示各國皇室生活的 True Royalty，非常多元化。據調研機構 Parks Associates 的研究報告，2019 年，加拿大有近 100 種影音內容串流媒體服務，美國有約 200 種影音串流媒體服務。垂直細分的串流媒體平台如表 13-1-4 所示。

表 13-1-4 垂直細分的串流媒體平台

分類依據	類 別	串流媒體平台
人群	黑人	Brown Sugar、Urban Movie Channel
	性少數群體	Dekkoo、Revry、Section II
	極客	ConTV、VRV
	兒童	Toon Goggles、BabyFirst
	退伍軍人	All Warrior Network
語言	法語	Club Illico
	西班牙語	Pantaya、Pongalo
地區	歐洲	BritBox、Acorn TV、MHz Choice
	亞洲	Viki、DramaFever、Asian Crush、KOCOWA、Spuul、Eros Now

（續表）

分類依據	類　別	串流媒體平台
影視風格	恐怖	Shudder
	搞笑	Seeso、Break
	浪漫	Hallmark Movies Now、PassionFlix
	文藝	Criterion Channel、Kanopy、Hoopla
	療癒	Feeln
內容類別型	音樂	Qello、Vevo
	動漫	Crunchyroll、FunimationNow、Viz Media、DC Universe
	體育	MLB.tv、ESPN+、golftv、NFL Live、dazn、WWE Network
	美食	ifood.tv、Food Matters TV
	遊戲	Twitch、Kamcord、Vortex、GameDuck
	教育	CuriosityStream、Sago Mini Forest Flyer TV
	健身	Fightmaster Yoga TV、FitNFlow、NEOU Fitness、Peloton Digital
	汽車	MotorTrend
	科幻	Dust
	歌劇	BroadwayHD、Met Opera On Demand
	紀錄片	Sundance Now Doc Club、SnagFilms、Docsville、Smithsonian Earth
	歷史	History Vault
	皇室生活	True Royalty
製作方式	獨立電影	Fandor、MUBI、Tribeca Shortlist

　　這類垂直細分的串流媒體平台專注於利基市場，服務特定人群，最大的特點就是「細分」。例如，在體育串流媒體平台中，有棒球平台 MLB.tv、高爾夫平台 golftv、摔跤平台 WWE Network 等。

　　體育、動漫這兩個細分領域是垂直串流媒體中的大類，用戶總數並不少。

　　競技體育的本質是人類拼搏和競技的生物本性，雖然人類已經進入文明社會，但拼搏競技的共鳴點仍然存在。另外，隨著社會的發展，人們對強身健體的大眾體育運動和賽事的參與熱情不斷提升，由此進一步加大體育賽事的觀眾規模。體育賽事由於其競技性可以長盛不衰。影音串流媒體平台的核心職能是提供能夠滿足不同觀眾需求的內容，通過廣告和付費等商業模式進行變現，其中內容是絕對的核心動力源泉。

　　美式橄欖球聯盟 NFL 成立於 1920 年，是全美最受歡迎的體育聯盟，其 2019 年的年收入達到 130 億美元；同時，其頂級賽事的影響力帶來了大眾現象級內容的稀缺，從而使其成為「媒體平台必備」。

　　2018 年，棒球串流媒體平台 MLB.tv 的訂閱人數僅次於四大家族和 Starz，在美國串流媒體訂閱人數排名中位列第六，超過了 CBS All Access、Sling TV、DirecTV Now 等綜合性平台。

　　Crunchyroll 是美國最大的動漫影片頻平台，專注於東亞動漫。Crunchyroll 成立於 2006 年，提供超過 800 個動畫節目和 50 個漫畫節目，已經擁有 100 多萬付費用戶。在 2006 年年初成立的時候，Crunchyroll 上傳的都是未經授權的盜版影片，2008—2010 年，其逐漸與上游版權方達成分銷協議，開始全面清理侵權內容。同時，Crunchyroll 的主要投資者還包括東京電視臺等著名動畫製作公司，使其在佈局方面具有資源與成本優勢。2014 年 4 月 22 日，AT&T 和 TCG 成立合資公司，收購了 Crunchyroll，注入了超過 5 億美元的資金。隨後 Crunchyroll 開始與角川公司、住友商社合作，進行動漫的投資與製作。

　　據測算，Crunchyroll 從 2012 年 12 月至 2017 年 2 月的訂閱收入增速至少達到了 900%，而相近時間的全美串流媒體訂閱收入的增速為 164%。以其最低的訂閱價格 6.95 美元／月來計算的話，其年收入能達到 8,340 萬美元，市場佔有率超過 1%。2012—2017 年 Crunchyroll 訂閱用戶數量變化如圖 13-1-1 所示。

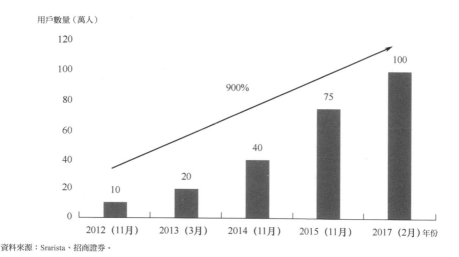

資料來源：Srarista、招商證券。

圖 13-1-1　2012—2017 年 Crunchyroll 訂閱用戶數量變化

由此可見，這些相對大眾的垂直串流媒體平台的用戶數量和盈利能力都不可小覷。當然，那些特別細分的垂直串流媒體平台確實非常小眾，有些平台只有幾十萬甚至一兩萬用戶。

為什麼在網飛、Amazon Prime Video 這些流媒體「大樹」下，長尾流媒體市場能夠誕生並崛起？主要有下述原因。

1．更多更好的獨家內容

雖然網飛提供的影視內容非常豐富，但是在具體的細分類目下，很多垂直串流媒體平台可以提供更多更好的內容。另外，有些內容網飛是不提供的，有些內容的版權在其他流媒體平台手中，網飛無法獲得。

Shudder 是專注於恐怖片的流媒體服務平台，使用者可以無限制地觀看各種驚悚片、懸疑片，涵蓋了入門級的經典恐怖片和「超級粉絲」的小眾恐怖片，有很多獨家內容。Shudder 恐怖片的細分類型包括超自然、殺手、怪獸、心理驚悚、犯罪與神秘、復仇、科幻等，內容非常豐富。

Shudder 的總經理 Craig Engler 認為，雖然網飛擁有相當多的恐怖片內容，不過對資深恐怖片影迷來說，這些內容過於寬泛、淺薄，無法滿足其深層需求；而通過 Shudder，恐怖片影迷能夠找到更多滿足其需求的恐怖片，越看越想看。

2．良好的社區氛圍

在網飛這些大平台中，動漫是小眾，但在 Crunchyroll、FunimationNow 中，動漫是主流。很多垂直串流媒體平台成為具有相同興趣愛好的人聚集的社區，他們在社區裡不再是「異類」，可以開心地和其他同好交流各種奇怪的問題，他們的社交關係沉澱在這些平台中。

類似於中國 Bilibili 的動漫流媒體 Crunchyroll 擁有全球最大的動漫社區，其用戶達到 4,500 萬人。Crunchyroll 通過各種線上和線下管道打造良好的社區氛圍。線上上，有論壇和各種社交平台；線上下，有各種展會等活動。Crunchyroll 的粉絲參與度很高，他們能夠積極參與到社區建設中。

每年舉行一次的 Crunchyroll 動漫展會將「動漫迷」聚集在一起，進行為期三天的展覽、放映等，邀請美國和日本一些著名的動漫相關人物客串演出。在活

動期間，成千上萬的動漫粉絲會來到會場。除此之外，Crunchyroll 每年還在全球
18 個國家舉辦超過 180 場的各種小型活動。這些線上和線下活動能夠給「動漫
迷」帶來歸屬感，很好地塑造一個活躍的社區，從而成功地打造差異化特色，大
大提升用戶忠誠度和平台競爭力。而這些是網飛無法做到的。

3‧更好的體驗

因為面向細分人群，垂直串流媒體平台可以更好地針對這些人群提供貼心的
個性化服務，讓使用者獲得更好的體驗，從而留住用戶。

MLB.tv 是提供美國職業棒球大聯盟舉辦的棒球比賽影片的串流媒體平台。
MLB.tv 針對棒球愛好者在很多細節方面進行了優化，具有非常多的差異化功能。

在訂閱方面，用戶可以選擇只訂閱某一個球隊參加的常規賽的影片或直播，
也可以選擇觀看所有球隊的比賽內容。

從 2012 年開始，MLB.tv 開始提供一項名為 Audio Overlay 的服務。該服務
允許使用者在主場解說和客場解說之間進行切換，還可以去掉解說只聽球場的自
然聲音。

MLB.tv 還具有 Mosaic 功能，可以在一個螢幕上同時顯示多個比賽影片播送
視窗，可以左邊一個主介面，右邊兩個或三個比賽介面。另外，用戶還可以追蹤
自己喜歡的運動員，當該運動員出現在某場比賽中時，系統會自動提醒使用者。

13.2 全球化

隨著訂閱模式的大獲成功，各中國部市場趨於飽和，很多訂閱企業開始走出
國門，開啟國際化之路。

在 Dollar Shave Club 被收購後，其創始人 Michael Durbin 的新目標是將公司
業務推向全球。Dollar Shave Club 已經在加拿大和澳大利亞開展了業務，下一步
是進入歐亞市場。這是一個很大的挑戰，因為美國男性與歐亞男性在個人護理需
求、習慣及審美等方面都存在很多不同之處。不過，Michael Durbin 和他的團隊
將其視為新的機遇，認為新的發展路徑和新的品類都將由此誕生。

2011 年 3 月，Glossybox 在德國成立，2011 年 10 月，Glossybox 中國公司開

始籌備，當年 12 月發出了第一批盒子。在 10 多個月後，這個新團隊已經緊緊跟上了 Glossybox 在其他地區的步伐，註冊使用者增長到 8 萬人，付費訂閱用戶也達到了 1.2 萬人左右，實現盈利。

　　2015 年，網飛宣佈了其全球化計畫，要將其串流媒體業務推廣到全世界。2016 年，網飛的業務已經拓展到了全球 190 個國家及地區中。在全球眾多市場中，網飛將亞洲地區視為最重要的使用者增長源。下面以亞洲市場的拓展案例來看看網飛的全球化策略和實踐。

　　亞洲是世界上人口最多的地區，總人口超過 40 億人，其中，中國和印度的人口都超過了 10 億人，這意味著亞洲的市場潛力是巨大的。根據國際貨幣基金組織的統計，亞太地區是全球經濟增長最快的地區。亞洲正在經歷快速的城市化過程，人們的收入在快速提升。布魯金斯學會的報告預計，在 2030 年前，全球三分之二的中產階級人口都將集中在亞洲。龐大、富裕的人口催生了旅遊、串流媒體等娛樂需求。

　　預計到 2021 年，亞洲地區將新增 1 億多流媒體訂閱用戶，營業收入從 2015 年的 57.4 億美元猛增 220% 至約 184 億美元。網飛的首席執行官 Reed Hastings 預測，僅印度就可能為網飛帶來 1 億用戶。

　　2020 年 4 月，網飛全球付費訂費用戶達到 1.82 億人，亞洲付費訂閱用戶為 1623 萬人。亞洲用戶增加了 360 萬人，超過了北美新增用戶（230 萬人）。如果亞洲市場在未來幾年的拓展達到預期，相當於再創造了一個網飛。亞洲市場對於網飛的重要性不言而喻。

　　除此之外，在亞洲地區的拓展還可以為網飛充實內容庫，吸引全球使用者。2018 年，網飛的亞洲內容在平台上的觀看時長有超過一半來自亞洲以外的地區，這顯示出亞洲地區的內容對網飛使用者的巨大吸引力。豐富多樣的內容還可以幫助網飛在美國本土市場的激烈競爭中勝出。2017 年和 2018 年網飛在各地區原創節目數量的增長情況如圖 13-2-1 所示。

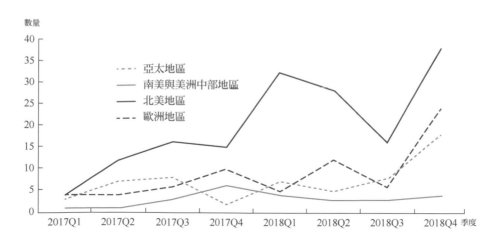

圖 13-2-1 2017 年和 2018 年網飛在各地區原創節目數量的增長情況

　　網飛在開拓亞洲市場後，將生產出越來越多的亞洲內容。這可以幫助網飛擺脫對迪士尼、HBO、時代華納等競爭對手的內容依賴。

　　網飛首席內容官 Ted Sarandos 認為，亞洲是全球創意重地，無數膾炙人口的經典電影與劇集都源於此地。網飛最大的優勢在於其通過網路，能將中國、韓國、泰國、日本、印度等的亞洲本土故事傳遞至全球每個角落，送到各國觀眾的眼前。為了拓展亞洲市場，網飛有針對性地制訂了很多具體的當地語系化策略，採取了降價、在當地設立辦公室、和當地影視製作機構合作拍攝原創節目、針對當地具體情況開發特定功能等行動。

　　網飛先後在亞洲地區設立了 5 個辦公室，其中新加坡辦公室是亞太地區總部辦公室，網飛也招聘了很多當地的高管人員。同時，網飛在亞洲多個國家或地區都開通了社交媒體帳號，包括 YouTube、推特、臉書等。

　　亞洲國家眾多，各國的具體情況差別很大。網飛針對亞洲各國或地區的實際情況，開發出了很多極具本地特色的功能。

　　在印度，寬頻網速較慢，在播放串流媒體時會有卡頓現象，因此網飛專門為印度「特製」了低速率版本的影片，優化了視訊壓縮和不同場景下的影音編碼，從而讓影片播放更加流暢。另外，印度的停電情況比較頻繁，在電腦上播放視頻會受到很大影響，於是網飛推出了下載功能，讓印度使用者可以使用移動設備下載並觀看完整影片。

　　網飛在美國的主要支付方式是信用卡，但亞洲很多國家的信用卡普及率並不

高，因此網飛根據各國情況採取了不同的付費方式。在馬來西亞，網飛和 7-11 連鎖便利店合作，銷售網飛預付卡，就像中國的話費儲值卡一樣，買卡的用戶還可以把預付卡轉讓給他人。在印度、韓國等國家，網飛和當地的電信營運商合作，通過電話卡扣費的方式收取訂閱費。

在價格方面，網飛在美國的訂閱價格是 8.99 美元 / 月，而在馬來西亞的訂閱價格則為 4 美元 / 月左右，在印度的訂閱價格是 6.85 美元 / 月，在日本的基礎訂閱價格是 5.91 美元 / 月。不管是在亞洲的發達國家還是在發展中國家，網飛的訂閱價格都低於美國本土的訂閱價格。在印度、馬來西亞等人均收入較低的國家，網飛的訂閱價格不到美國的一半，定價更低。低廉的價格能夠讓更多亞洲用戶接受，從而幫助網飛更好地開拓亞洲市場。

對亞洲用戶來說，最核心的還是豐富多元的內容。網飛採取了外購、自主開發等多種方式來擴充本土化的亞洲內容庫。

在華語片方面，網飛購買了《流浪地球》、《動物世界》、《風味原產地‧潮汕》、《白夜追凶》、《反黑》《甄嬛傳》、《天盛長歌》、《王子愛青蛙》、《真愛趁現在》、《琅琊榜》、《步步驚心》等電影、電視劇和紀錄片的版權。在韓國，網飛和 TVN、JTBC、OCN 等有線電視臺簽訂合約，購入大量韓劇，如《Man to Man》、《秘密森林》《Black》、《花遊記》、《機智的監獄生活》、《壞傢伙們：邪惡之都》等。此外，網飛還買了印度的《巴霍巴厘王》、日本的《死亡筆記》、《鋼之煉金術師》、《火影忍者》、《進擊的巨人》等內容的影視版權。

在亞洲，網飛非常注重原創內容，而且都和當地機構有合作。這些「本土原創作品」一般由網飛主導和投資，題材來自當地，內容貼合當地使用者的喜好，製作則由當地的導演、演員和出品人完成。根據 Amper 的研究資料，2018 年第四季度，亞洲市場的原創內容在網飛平台上排名第三。網飛公開宣佈，2019 年要加大在亞洲地區的投資。

在日本，網飛已經和東映動畫、Production I.G、A-1 pictures、BONES、P.A.WORKS 等知名動畫製作機構展開了合作，基於《聖鬥士星矢》、《哥吉拉》、《惡魔人》等知名 IP 製作了幾十部原創動畫作品。在韓國，網飛不僅製作了爆款原創電視劇《王國》，還製作了原創綜藝《犯人就是你》等。在印度，則有印地語原創劇《神聖遊戲》、《欲望故事》等。

雖然是本土原創作品，但網飛也非常看重亞洲原創內容的全球性，與當地的中國影視作品還是有一定差別的。例如，網飛在印度的原創劇由美國總部和印度製片公司 Phantom Films 共同敲定，其中的原則之一就是印度原創劇應具有跨國吸引力。

在網飛於日本推出的原創動畫系列中，80% 以上都是科幻和奇幻題材，能被全球的觀眾看懂。而具有強烈日系色彩的後宮、搞笑、萌系題材則基本沒有，這些題材在亞洲以外的市場很難受歡迎。《Cannon Busters》動畫的製作方是日本動畫工作室衛星社，其他的策劃、腳本及演出則來自海外團隊，從而讓這部動畫同時具有了全球化和當地語系化特色。

總體來說，網飛並沒有一味地追求當地語系化，而是用全球化的視角來考量，然後在本地落地，將亞洲市場和全球市場進行聯動，從而實現互相促進、有機整合。根據 Sensor Tower 的資料，2018 年，網飛在韓國的移動端收入增長了107%，在日本的移動端收入增長了 175%。

13.3　人工智慧

訂閱經濟的未來將由人工智慧技術提供動力。人工智慧和訂閱經濟的結合將比以往任何時候都更加強大，二者聯合改變了用戶尋找和購買消費品的方式。如今，訂閱企業正在利用人工智慧技術為消費者提供更多他們想要的產品。

亞馬遜通過引導客戶購買自己的內部產品，將由人工智慧技術驅動的洞察力帶入現實世界。對於客戶定期購買的產品（如清潔用品或洗漱用品），亞馬遜通過訂閱服務和保存計畫進一步促進自己與客戶的聯繫，為承諾為定期購買的客戶提供折扣。

哈羅生鮮使用機器學習演算法來確定其訂閱者喜歡的食物，以此創建一個回饋迴圈，從而更好地向客戶推薦其可能喜歡的定製菜譜。

Stitch Fix 的整個商業模式都以人工智慧為基礎，其將人工造型師與使用者資料相結合，以精準推薦服裝。Stitch Fix 利用基於人工智慧的機器學習演算法來猜測使用者喜好，幫助造型師選擇那些客戶可能會喜歡的東西。當潛在客戶註冊這項訂閱服務時，他們會被要求填寫一份相當詳細的「風格檔案」，包括自己的個性、體型、生活方式、預算、喜歡的款式和顏色，甚至想突出或淡化的身體

特徵等，然後人工智慧預測演算法開始工作，為客戶生成最佳匹配方案。其他人工智慧演算法會跟蹤客戶對服務的長期滿意度，以及他們續訂或退出的可能性。

訂閱模式的核心是建立與客戶的長期關係，提高客戶留存率和客戶終生價值。如何管理流失會員、如何保持良好的留存率，是訂閱企業面臨的巨大挑戰。因此，基於人工智慧的資料分析對於訂閱企業的成功至關重要。

此外，人工智慧還能在以下幾個方面幫助訂閱企業更好地發展業務。

（1）發現隱藏的銷售機會。

尋找和獲得新客戶是訂閱企業在發展過程中的首要任務。目前大多數企業使用傳統的市場研究和分析手段來確定哪些潛在客戶具有最大的購買傾向，很少有企業利用人工智慧技術來識別潛在的目標客戶。通過分析歷史銷售資料，人工智慧技術可以識別以前未檢測到的購買模式，以確定哪些潛在客戶最有可能進行訂閱。

（2）減少客戶流失。

對於所有訂閱業務，最小化客戶流失率至關重要，很多訂閱企業將客戶留存率作為關鍵業務指標。使用人工智慧技術，企業可以通過評估風險傾向來預測客戶流失。通過機器學習，訂閱企業可以即時分析與客戶流失相關的因素，如頁面載入太慢或字體不清晰等。這可以幫助訂閱企業更好地瞭解客戶並進行有針對性的改進，從而留住客戶。

（3）最大化續訂率。

保持高續訂率是不斷增加經常性月度收入的必要條件。通過人工智慧技術，企業可以主動通知客戶，根據客戶的續訂歷史啟動續訂流程。除了通知和啟動續訂流程，人工智慧技術還可以為企業提供及時的後續操作，以確保在整個續訂過程中使用最佳的方法。

在訂閱業務中，企業要與客戶建立更加動態的關係，因為客戶可能會隨著時間的推移升級/降級/新增訂閱服務，他們在第三年訂閱的內容通常與第一年訂閱的內容不同。因此，要利用人工智慧技術來估計客戶的當前狀態，並將其與最近加入的客戶進行比較，以提出更加動態化的續訂管理方案。人工智慧技術可以幫助訂閱企業把握客戶的續訂模式，以最大限度地提高現有客戶的續訂率。

（4）進行向上銷售和交叉銷售。

客戶從購買 9 元 / 月的基本訂閱服務，改為購買 29 元 / 月的高級訂閱服務，

這種銷售方式即為向上銷售。總結來說，向上銷售是指向客戶銷售某一特定產品或服務的升級品、附加品或其他用以加強原有功能或用途的產品或服務。這裡的特定產品或服務必須具有可延展性，追加的銷售標的與原產品或服務相關甚至相同，有補充、加強或升級的作用。

客戶從購買訂閱盒 A，到購買訂閱盒 A 加配套的訂閱服務 B，這種銷售方式即為交叉銷售。交叉銷售是一種發現顧客多種需求並滿足這些需求的行銷方式，也就是說，交叉銷售是在同一個客戶身上挖掘、開拓更多的需求，而不是只單純滿足客戶的某次需求，進而橫向開拓市場。

人工智慧技術可以幫助訂閱企業抓住在現有客戶群中交叉銷售和向上銷售的機會。例如，訂閱了通訊流量套餐的客戶通常每月可訪問的資料量是有限的。通過人工智慧技術，可以幫助客戶服務代表指導客戶使用資料量更多的流量計劃或無限制的流量計劃，從長遠來看，這種方式可以通過避免高昂的超額費用來節省客戶資金。同樣，人工智慧技術可以納入數位商務入口網站，從而最大限度地提升客戶的自助購買體驗。

訂閱領域最有趣和潛在的深刻變化之一是所謂的「策劃購物」和「訂閱包」的爆炸性增長，兩者都受益於人工智慧技術的發展。機器學習技術在客戶交互中的應用可以有效提升客戶對產品、服務及購物體驗的整體滿意度。訂閱模式、精選體驗和人工智慧使真正的大規模個性化和定制化成為可能。

在訂閱世界中，一個零售商與另一個零售商的區別在於「體驗」。產品本身並沒有很大差別，區別在於產品的購買、分銷和享受方式。

訂閱經濟和人工智慧有助於培養一個響應更快和更加有益的商業環境，在這種環境中，買賣雙方的「快樂」可以實現最大化。

下　篇
實踐：訂閱轉型指南

看了這麼多對訂閱經濟的解析，大家是不是很心動呢？你是否也想創建一個訂閱企業？

首先，千萬不要把訂閱等同於按月收費。如果只改變收費方式而不改變產品本身、銷售模式、營運方式等，最終註定會失敗。

其次，訂閱模式適用於大部分行業和多種類型的產品，但某些行業或某些產品是不適合採用訂閱模式的。訂閱模式並不是「萬靈丹」，大家應記住這一點。

創建一個訂閱企業並將其營運好，會面臨非常多的挑戰，並不是那麼容易的。如果創業者在一開始能夠客觀地認清可能存在的困難並做好詳細的規劃和充分的準備，那麼成功率會大大提高。

第14章

合適的產品與場景

　　每種商業模式都有自身的局限性，訂閱模式也不例外。對於不同的產品、不同的市場情況，需要採用不同的商業模式。在考慮是否採用訂閱模式時，我們需要綜合考慮以下問題。

- 市場容量和增長率是多少？行業的天花板有多高？
- 進入門檻，這決定了可能面臨的競爭的激烈程度。
- 獲客成本，這決定了是否容易獲得消費者。
- 購買頻率，是頻繁購買還是偶爾購買？
- 毛利率，是像藥廠一樣的高毛利還是像藥店一樣的低毛利？
- 生產複雜度，產品生產製造的技術門檻有多高？
- 市場集中度和市場飽和度，是分散的還是高度壟斷的？
- 行業是否受管制？是否需要申請額外的許可證？
- 行業大品牌情況如何？是否還有創新的空間？

　　根據 GloabalWebIndex 在英國和美國的調查，在各種訂閱服務中，使用者使用最多的是影片串流媒體、購物、音樂串流媒體、電動遊戲、新聞雜誌；用戶使用最少的是服裝、寵物、兒童、教育、約會應用。

　　為什麼會這樣呢？因為訂閱模式有其本身固有的優點和缺點，有適合的產品和場景，也有不適合的產品與場景。例如，消費者需要高頻使用的產品（如刮鬍刀）很適合使用訂閱模式，但是那些使用者使用頻率很低的產品（如電視機）就不適合採用訂閱模式。另外，還要考慮每筆交易價格的高低、現有市場的競爭格局和進入門檻等。

14.1 高頻次

對於購房、購買電器或旅行等回購週期長、頻率低的消費場景，由於短期內用戶的購買行為較少，很難養成消費習慣，平台在短期內也很難獲得大量資料樣本，因此不適合採用訂閱制。而服飾、化妝品、食品等品類，對特定群體來說是剛需，並且隨著人們生活水準的提高，消費者越來越希望商品能更好地滿足自身的個性化需求。

消耗品一般是指在一年內使用完的產品。生鮮、食品、化妝品、清潔用品、印表機墨水匣等都屬於消耗品，這些產品需要經常購買，所以非常適合採用訂閱模式。根據國外的一項研究，消耗品重複購買率（29％）幾乎是服裝和其他普通商品複購率（16％）的兩倍。一方面，消耗品具有相對較高的購買頻率；另一方面，一些普通商品的使用壽命往往很長，重複購買的可能性較小。

床墊、電視機、戒指等購買頻率低的產品顯然不適合採用訂閱模式。採用訂閱模式的產品或服務，其購買頻次應該至少為一年幾次，最好每月一次以上。

很多軟體屬於高頻消費品。從轉化客戶需求的角度來看，對於高頻使用的軟體產品，使用者會更容易接受按月／按年支付訂閱費的模式。而對軟體企業來說，高頻往往對應產品的反覆運算需求，一方面，訂閱模式可以提高使用者使用新版本的概率，在提升用戶體驗的同時，使產品研發的成本效用最大化；另一方面，高頻軟體上雲後價值增值明顯。在訂閱模式下，高頻的使用者交互可以帶來更多的資料，企業利用資料來優化、反覆運算產品，從而進一步拓展可能的應用領域。在高頻資料價值下，軟體企業的競爭優勢相對授權模式將不斷強化，進而獲得更大盈利空間。

軟體行業的 Autodesk 就是一個典型的將高頻消費品一次性購買授權轉型為訂閱模式的案例。

Autodesk 是全球最大的二維和三維設計、工程與娛樂軟體公司。公司的起家產品是 AutoCAD，經過幾十年的發展，其產品線逐步豐富，在不同行業圍繞設計環節推出了相應的解決方案。公司營業收入總體呈增長趨勢，但從 2007 年開始增速明顯放緩，淨利潤在 2007 年達到高點之後也整體呈下滑態勢。

2014 年，Autodesk 確定開始從傳統的一次性授權模式向訂閱模式轉型。2016 年 8 月，Autodesk 宣佈停止絕大部分軟體的永久授權，改為訂閱式銷售。

Autodesk 此前擁有大量不更新軟體的使用者和使用盜版軟體的使用者，收費模式的變化有望開拓新用戶市場。在雲化訂閱服務模式下，之前購買運維協定的使用者逐漸轉化為 SaaS 軟體訂閱使用者。2017 年，SaaS 訂閱收入的占比上升到總收入的 47%；SaaS 訂閱用戶達到 109 萬人，同比增長 155%。公司雲化重點在於商業模式升級。

　　Autodesk 的產品主要分為四類：建築、工程和施工（AEC），製造業（MFG），AutoCAD 和 AutoCAD LT（ACAD），多媒體和娛樂（M&E）。其中，AutoCAD 等明星產品仍以軟體形式存在，只是在傳統單機軟體的基礎上增加了雲端共用、多介面登陸的功能。設計功能本身仍然基於當地語系化來部署，但在收費模式上堅決摒棄永久授權，全面實行訂閱式付費，在商業模式上率先完成雲端轉型升級。

　　在轉型期間，雖然 Autodesk 財務資料的表現並不可觀，但在 2016 年 8 月 1 日宣佈所有套件產品 License 停售，並全部轉為雲化訂閱服務模式後，其股價就進入了高速增長期，公司商業模式先行的雲化戰略獲得了資本市場的認可。雲端轉型後的產品定價反映公司的議價能力，而議價能力背後是公司的市場地位與行業壁壘。使用者使用高頻的軟體通常有更高的壁壘，同時產品黏性較強、在細分領域的議價權也更大，有利於其雲端轉型，進而激發出新的需求。

14.2　低筆單價

　　筆單價＝總銷售額／總筆數。筆單價與客單價的區別在於，如果一個顧客購買了 2 次，客單價計算 1 次，筆單價則需要計算 2 次。例如，某超市 8 月 26 日全天的銷售額為 74500 元，當天的客流量是 745 人，交易筆數是 735 筆，則該超市 8 月 26 日的客單價＝銷售額／顧客數 =74500/745=100（元），筆單價 =74500/735=101.36（元）。

　　客單價是每位顧客平均購買商品的金額，而筆單價是每筆訂單的平均金額。客單價和筆單價都是瞭解客戶購買習慣的關鍵指標，兩者一般相差不大。但是，在衡量是否適合採用訂閱模式的時候，筆單價比客單價更準確。

　　一般而言，筆單價可以幫助我們瞭解客戶：他們是否傾向於訂購更昂貴或更便宜的產品，以及傾向於訂購多少數量的產品。例如，一家服裝訂閱企業銷售三

種襯衫，售價分別為 15 元、21 元和 29 元，筆單價為 19 元，這就表明消費者行為的兩個趨勢：客戶不會購買多件商品，以及低價襯衫的銷售額占總銷售額的大部分。

筆單價也可以作為衡量轉換率和獲客成本的指標。假設目前的訂閱轉化率是 5%，筆單價是 75 元，那麼如果新增 1000 個註冊用戶並且轉化率保持不變，銷售額將增加 3,750 元。如果將轉化率提高到 6% 並且筆單價保持不變，銷售額將增加 4,500 元。那麼，我們願意支付多少行銷費用？

另外，筆單價還可以幫助我們瞭解交易成本與交易的關係。一般來說，筆單價越高，每筆交易需要付出的成本和費用也就越高。如果每個訂單需要花費 8 元來處理，那麼 500 元的筆單價相對於 100 元的筆單價來說，交易成本非常低。

訂閱需要長期、持續的購買，只有筆單價較低，大部分客戶才能承擔，才會重複購買。一個客戶的重複購買次數增多，客戶終生價值自然就會提升。

訂閱企業適當降低產品的價格能夠促使更多客戶購買，從而使銷售額提升。在這種情況下，雖然產品的毛利率會下降，但總利潤會增加。訂閱企業追求的是與客戶的長期關係，是最終的高客戶終生價值，而不是「一錘子買賣」。

14.3　當前市場情況

除了以上兩點，在評估是否可以採用訂閱模式時，還要看競爭情況，包括市場集中度、市場壟斷、進入壁壘、品牌親和力等。

首先，對於市場集中度和市場飽和度很高的產品或服務，龍頭企業已經建立起強大的競爭壁壘，後來者很難打破現狀，是不太適合訂閱企業的；反之，市場比較分散的行業適合進行創新，各種模式的企業都有機會佔據一定的市場份額，因此可以嘗試訂閱模式。

品牌親和力是一種指標，可以讓市場研究人員預測消費者的行為方式。品牌親和力有助於區分消費者以實現市場細分。研究表明，年僅 3 歲的兒童就能夠識別標識並將其與品牌聯繫起來。當客戶表現出品牌親和力時，會是什麼樣的？一些指標如下：

• 堅持使用某一品牌的產品；
• 給朋友推薦自己喜歡的品牌；

• 在社交媒體中表達自己對品牌的高度滿意。

品牌忠誠度和品牌親和力非常相似,然而,有些人可能會忠於一個品牌但不會對該品牌產生親和力。品牌親和力比品牌忠誠度更高一級。

企業推出一個有吸引力的品牌並進行有效的宣傳,能夠讓消費者暸解品牌,從而產生品牌意識。一旦客戶購買了相關產品,企業就有機會建立用戶的品牌忠誠度,吸引用戶重複購買。而要建立品牌親和力,則要超越產品和服務,在精神層面讓客戶感覺自己與品牌有更深層次的聯繫和共同的價值觀。

可以說,品牌親和力是最有價值和最持久的客戶關係。

如果現有企業已經有了很高的品牌親和力,這種情況是不利於訂閱企業進入相應市場的。因為現有客戶已經對該品牌產生了高度信任,不會輕易轉換到其他品牌。

14.4 小結

根據以上論述,我們對抗衰老產品、嬰兒護理產品、床品這三個品類進行了評估(見表 14-4-1)。結果發現,抗衰老產品和嬰兒護理產品基本可以滿足訂閱的場景要求,因而可以利用訂閱模式去做;而床品的核心問題在於交易頻率太低,雖然其他方面問題不大,但還是不適合採用訂閱模式。

表 14-4-1 抗衰老產品、嬰兒護理產品、床品評估

類　別	留存率	購買頻率	市場集中度	筆單價	品牌親和力	是否適合訂閱
抗衰老產品	高	高	低	低	中等	是
嬰兒護理產品	高	高	中等	低	低	是
床品	低	低	低	中等	低	否

第15章

面臨的挑戰

根據 My Subscription Addiction 的資料，在過去幾年如雨後春筍般出現的訂閱包中，至少有 13％已經停止營運。

訂閱模式的核心是很簡單的，訂閱企業的創建也很容易。但是，低進入門檻往往對應低成功率，訂閱企業的營運要面臨諸多挑戰。

據統計，2010—2016 年，國外每年都有超過 30％ 的訂閱企業倒閉。2016 年倒閉企業所占比例尤其高，達 47.37%，如圖 15-1 所示。

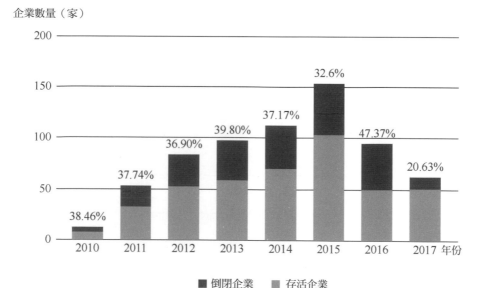

企業數量（家）

注：圖中註明的比例為倒閉企業數量占企業總量的比例。

圖 15-1 訂閱企業歷年倒閉和存活情況

可見，訂閱企業的營運難度是較高的，前景雖然廣闊，但面臨的挑戰也非常大。

15.1 客戶獲取成本高

不同於單次購買，訂閱需要持續付費，因而用戶的決策成本更高，相應的轉化成本也更高，所以不能指望用戶只看一次廣告就決定付費訂閱。同時，由於訂閱非常靈活，可以隨時取消，因此用戶一旦不滿意就會取消訂閱，這加劇了高獲客成本的困境。

雖然訂閱模式削減了中間人，將產品和服務從生產方直接供應給終端消費者，節省了租金、分銷等費用，但是用戶獲取成本大大提高了。舉個例子，淘寶的出現讓很多商家可以不用開設線下店鋪，幾乎可以零成本開網店，但是要想在眾多商家中脫穎而出，讓消費者看到自己的商品，就要付出非常高的行銷成本。

很多訂閱企業的創始人對客戶獲取太過樂觀，認為獲取客戶是非常簡單的事，低估了客戶獲取的成本。根據麥肯錫的研究，無論銷售何種商品，訂閱電商的客戶留存率不會超過 60%。許多訂閱企業的客戶獲取成本和客戶流失率非常高，以至於無法持續發展。

對提供訂閱服務的企業來說，獲得最大的經濟效益的關鍵是平衡獲客成本與客戶的生命週期價值。

通常訂閱企業可以利用三種方法來實現這一點。一是提高客單價，加強交叉銷售和向上銷售。例如，對於購買頻率不是很高的產品，在第一次銷售時必須贏利，並通過推出配件或新的系列產品來留住客戶。二是提高重複購買率，對於那些客單價較低的商品，如刮鬍刀、牙刷、襪子等，企業必須設法鎖定客戶，推動重複購買，從而提高客戶的生命週期價值。三是通過口碑行銷、短影片、創意廣告、社交分享等新方式實現使用者規模的快速增長，最大限度地降低獲客成本。

Dollar Shave Club 在創建初期，花費 4500 美元製作了創意廣告影片，然後上傳到 YouTube 上。該影片在 90 天內獲得了近 500 萬次觀看，成為經典的病毒式行銷案例，為公司吸引了大量用戶。

Ipsy 的內容服務網路彙集了包含 4600 萬名訂閱者的影響力群體。但 Ipsy 不僅提供訂閱產品，還經營內容業務，為美妝產業提供獨特且難以複製的解決方

案。

　　網紅蜜雪兒在 2007 年上傳了她的第一個視頻——7 分鐘化妝入門教程，該影片在 1 周內便獲得了 4 萬次點擊量。2009 年，蜜雪兒發佈了「如何畫出 LadyGaga 的眼睛」的化妝教程，點擊量超過百萬次。三年之後，Ipsy 創始人 Marcelo Camberos 和 Jennifer Goldfarb 意識到，他們需要另一個合夥人（蜜雪兒）來引領在他們看來最大的增長環——內容。對 Ipsy 來說，YouTube 是一個能夠幫助公司實現快速增長的有效途徑。蜜雪兒將訂閱服務加進了自製的影片，第二天便產生了數千個訂單。自那以後，Ipsy 堅持以創作者為核心。

15.2　初期虧損多

　　在訂閱服務啟動的初期，由於較高的用戶獲取成本和流失率，企業的支出會比較大，而且訂閱收入的增長本身有一個爬坡的過程，因此這期間收入低於成本，企業處於虧損狀態。

　　Dollar Shave Club 在被收購前已經積累了超過 300 萬名訂購用戶，銷售額超過 2 億美元，不過其仍經歷了持續 5 年的虧損，這也是 Dollar Shave Club 放棄獨立上市而選擇被聯合利華收購的原因。

　　被稱為「影院版網飛」的美國電影訂閱服務平台 MoviePass 曾「紅」遍全美，不過自 2018 年 7 月傳出 MoviePass 資金鏈斷裂的消息後，MoviePass 母公司 Helios&Matheson 股價跌至 1 美元以下，並長期低於 1 美元警戒線，未達到納斯達克上市標準。

　　MoviePass 成立於 2011 年，其在 2016 年之前的基本訂閱套餐的價格是 50 美元／月，訂閱用戶可在其支援影院中無限次觀影。在美國，電影票價為平均 10 美元左右，因此該服務適用於每月觀看 5 場以上電影的消費者，核心服務人群是重度觀影用戶。2016 年，在網飛聯合創始人 MitchLowe 成為 MoviePass 的 CEO 後，公司將戰略調整為通過降低訂閱費用來贏得使用者，並獲取使用者資料，旨在成為美國民眾出門娛樂的一站式平台，進而依託廣告收入及商家合作傭金實現使用者資料變現。2017 年，電影行業資料分析上市公司 Helios&Matheson 在收購 MoviePass 51% 的股份後，MoviePass 更是將訂閱費降至 9.95 美元／月。

　　MoviePass 的用戶平均每月觀看 1.5 部電影，因此在特定地區每位元使用者

每月給 MoviePass 帶來約 15 美元的虧損。Helios&Matheson 在 2018 年 5 月遞交給美國證券交易委員會的 8-K（重大事件）檔顯示，MoviePass 的現金流只剩下 1,550 萬美元，而公司平均每月的虧損達 2,170 萬美元。

2018 年 7 月，MoviePass 用戶紛紛表示無法購票，MoviePass 當時回應稱是「技術問題」，後來被證實是因為公司現金流出現斷裂，最後 MoviePass 不得不通過緊急貸款向院線方支付票款，以恢復正常營運。

因此，訂閱企業在創業初期需要通過外部融資等多種方式募集到足夠的營運資金，以應對持續的虧損狀況。不過好在訂閱企業的商業模式非常清晰，一開始就有持續的現金流。一旦訂閱企業挺過初期的艱難時期，實現正現金流，公司的營收曲線就會變得非常漂亮；但如果企業不能很好地應對，則有可能破產。

對不同的訂閱企業來說，虧損期的時長也不一樣，有的可能比較短，有的則可能很長。

為了盡快走出虧損期，訂閱企業需要運用多種方式來應對，如以低成本快速獲取客戶、讓客戶支付更多的年費和季費、獲得風險投資機構的投資等。

15.3　巨頭競爭大

訂閱模式發端於創業企業的創新，其蓬勃發展是由眾多小型初創企業推動的。起初，很多人公司看不懂或者看不上這種新模式，但隨著一家又一家訂閱獨角獸的出現，訂閱用戶數量快速增長，巨頭們開始反應過來，也要在訂閱經濟中「分一杯羹」。

藍圍裙本來是 2017 年最令人期待的大型 IPO 之一，但其在申請上市時受到亞馬遜收購生鮮超市 Whole Foods 的影響，瞬間變成面對困難最多的 IPO 經典代表。

在藍圍裙上市的同月，亞馬遜也推出了自己的食材配送的訂閱服務——Amazon Fresh。當時消息一出，藍圍裙股價直接下跌 11％。此外，連鎖超市 Albertsons 收購了食品配送平台 Plated，這讓藍圍裙面臨更大的壓力。自 IPO 以來，藍圍裙股價下跌 95%，從上市當天的高點 164 美元一路下跌到 6 美元，可謂慘不忍睹，已無法維持獨角獸的地位。

Slack 是一款用於企業內部溝通協作的工具，Slack 的開發始於 2012 年年底。

2013 年 8 月，Slack 進入內測階段。2014 年 2 月，Slack 一經推出，日活用戶就達到 15000 人。2014 年 10 月，公司融資 1.2 億美元，估值達 11.2 億美元，成為有史以來發展最快的 SaaS 公司。截至 2019 年 1 月，Slack 在全球範圍內擁有超過 1000 萬名日活用戶，覆蓋超過 150 個國家，全球市場佔有率迅速提升。

在付費方面，Slack 提供了四種方案：免費版、標準版（訂閱費為 6.67 美元 / 月）、增強版（訂閱費為 12.5 美元 / 月）和企業版。

免費版、標準版和增強版等都由單工作區組成，中小企業採用較多。企業版允許付費客戶創建和管理無限制的連接工作區和通道；跨多個工作區進行搜索；集中控制訪問，以確保公司的資料安全；與協力廠商預防資料中遺失工具進行集成。

作為史上增長最快的企業聊天軟體，Slack 被微軟「覬覦」已久。2019 年 7 月，微軟旗下的企業聊天工具 Microsoft Teams 的日活用戶達到 1300 多萬人，其在上線兩年後一舉超越了 Slack。微軟希望讓所有人知道，在企業聊天市場，Microsoft Teams 已經超過了對手 Slack。Slack 面臨微軟的無情打壓。

對一款已上市產品進行複製，並通過價格戰步步為營，微軟對這種模式已經相當熟悉。早在 2015 年，微軟就發佈了 Microsoft Power BI，與幾年前上市的資料分析和視覺化公司 Tableau 進行競爭。微軟相對便宜的資料分析服務致使 Tableau 的股價下跌。

微軟、谷歌和亞馬遜等科技巨頭現有的用戶基礎比它們的競爭對手要大很多。為了在競爭中勝出，這些巨頭有時會主動降低服務價格。

知名市場調研公司 ETR 的一項調查給 Slack 帶來了頗為沮喪的消息。這份市場調研報告來自對 900 名 CIO 及公司 IT 決策管理人員的訪談，主要內容涉及企業的 IT 預算走向，這些訪談對象所在的公司大概覆蓋了全球 500 強企業的 40％。調查結果顯示，Slack 在全球大型企業中的市場份額正在下滑，而且未來的採用意向也在下降，較大一部分 IT 決策管理人員表示，他們正計畫退出這項服務。與此同時，調查資料顯示，Microsoft Teams 的市場份額正在增加，採用率相對較高，棄用率比 Slack 略低。

這項調查結果除了可能擾亂 Slack 上市後高歌猛進的趨勢，還反映出歐美科技行業創新領域的艱巨挑戰——科技行業越來越由少數巨頭主導。一些知名人士也在批評這些巨頭創造的所謂「殺手鐧」：要麼收購，要麼「殺死」競爭對手。

其結果是，最好的創意和產品都集中在現有的科技巨頭手裡，從而進一步鞏固了它們的主導地位，並且可能扼殺未來的創新。

15.4 訂閱疲勞問題

訂閱服務的蓬勃發展為消費者提供了比以往更多的選擇，但問題也隨之而來——消費者開始出現「訂閱疲勞」。

根據德勤第 13 版年度數字媒體報告，近一半（47％）的美國消費者表示，自己對訂閱服務數量的不斷增加感到沮喪；49％的受訪者表示，由於影視節目數量太多，他們很難選出自己真正想要觀看的內容；43％的受訪者表示，如果在幾分鐘內找不到想看的節目或電影，他們就會放棄搜索。

消費者希望有更多的選擇——但不是過多的選擇。負責該項研究的德勤副主席 Kevin Westcott 認為：「我們可能正在進入『訂閱疲勞』的時代。」

訂閱服務不斷增多，但使用者的時間和金錢都是有限的。每個用戶一天只有 24 小時，不可能訂閱 10 多個串流影音內容同時看；使用者的預算也和其可支配收入成比例，不會看到喜歡的服務就隨意訂閱。

由於訂閱疲勞的存在，新的訂閱服務需要承擔更高的獲客成本和更大的產品投入。對一些小眾、低頻的訂閱服務來說，訂閱疲勞意味著其生存的概率降低了，因為用戶肯定會首先放棄那些不常用的訂閱。

但是，訂閱創業者不必過於擔心。根據 eMarketer 的一份新報告，34％的美國人表示，他們會增加在未來兩年內使用的訂閱服務的數量；只有 7％的人表示他們計畫在未來兩年內訂閱更少的服務。根據 Global Web Index 對英國和美國的調查，大約 75% 的消費者認為他們的訂閱量恰到好處，而只有接近 20% 的消費者認為自己的訂閱量太多。因此，總體來看，雖然訂閱疲勞現象已經出現，但是真正想取消訂閱的使用者還是少部分，付諸行動的就更少了。

很多訂閱平台也發現了這個問題，開始研究策略以進行應對。例如，迪士尼推出的流媒體訂閱平台 Disney+ 擁有比網飛更低的價格，並且具有很多擁有忠誠粉絲的獨家影視內容。但最關鍵的還是要給訂閱用戶提供真正有價值的內容。

Parks Associates 的調查發現，消費者不僅願意為訂閱付費，而且願意為多種訂閱服務付費、支付更高的訂閱費用，前提是其感知到價值。

在流媒體訂閱服務中，優質高價產品正在增多，說明消費者願意為高級功能支付費用。例如，網飛的使用者正在從基本服務轉向高級服務。網飛的基本訂閱費用是 7.99 美元 / 月，標準訂閱費用是 9.99 美元 / 月，但這兩種訂閱服務的訂閱量都在下降，而 11.99 美元 / 月的高級訂閱服務的訂閱量正在增加。2016—2018年，選擇高級訂閱服務的網飛使用者比例從 18％增加到 30％。

可見，訂閱疲勞並不可怕，可怕的是企業拿不出優質的產品或服務。

15.5　資料隱私問題

消費者越來越擔心企業如何處理與自己相關的隱私資料的問題。在國外一項調查中，82％的人表示他們認為企業沒有很好地保護自己的個人資料。

訂閱平台為了能夠實現高度個性化，需要收集足夠多的使用者資訊。例如，使用者在登錄 Stitch Fix 後，需要填寫有關個人時尚偏好的問卷，提供個人尺碼、喜歡的顏色、偏愛的樣式等個人資訊。

隨著越來越多的企業轉向基於訂閱的模式，消費者自然會擔心這些涉及個人隱私的資料是否能被安全保障、是否會被濫用。因此，隱私資料安全成為訂閱企業必須面對的一個問題。

很多訂閱企業明確了隱私政策，在用戶註冊之前告知使用者隱私資料的收集和使用情況。各國也都出臺了相關的監管法律，對訂閱企業的營運產生了一定影響。

GDPR 是 General Data Protection Regulation 的首字母縮寫，通常譯為《通用資料保護條例》。GDPR 由歐盟推出，目的在於防範個人資訊被濫用，保護個人隱私。GDPR 早在 2016 年 4 月就已經推出，但歐盟給了各大企業兩年的緩衝時間，其正式生效日期為 2018 年 5 月 25 日。根據 GDPR 的規定，企業在收集、儲存、使用個人資訊時要徵得使用者的同意，使用者對自己的個人資料有絕對的掌控權。

以下類型的隱私資料受 GDPR 保護：

• 基本的身份資訊，如姓名、地址和身份證號碼等；

• 網路資料，如位置、IP 位址、Cookie 資料和 RFID 標籤等；

• 醫療保健和遺傳資料；

• 生物識別資料，如指紋、虹膜等；

• 種族或民族數據；

• 政治觀點；

• 性取向。

消費者享有的權利如下。

（1）資料詢問權：使用者有權向企業詢問個人資訊是否正在被處理，如果正在被處理的話，可以進而瞭解處理的目的、相關資料類型、資料接收方的資訊，如果物件是資料接收方，可以詢問其資料來源。

（2）被遺忘權：使用者有權要求企業刪除個人資料，如果資料已經披露給協力廠商，用戶可以進而要求協力廠商刪除相關資料。

（3）限制處理權：使用者有權禁止企業將個人資訊用於特定的用途，如禁止企業將個人資訊用於垂直行銷。例如，用戶最近在購物網站搜索了以「精釀啤酒」為關鍵字的商品，網站的推薦資訊流或與該網站有合作的其他網站可能就會向用戶推薦類似的精釀啤酒，那麼用戶就可以要求該網站不能對外透露此資訊，甚至可以要求該網站不能把這些資訊用於任何行銷活動。

（4）數據攜帶權：簡單來說，當用戶想離開某個平台時，可以要求該平台將自己在該平台上產生的資料以格式化、機器可處理的格式進行提供。

GDPR 給訂閱業務帶來了重大挑戰。訂閱業務需要處理大量使用者資料，其中一些資料甚至可能處於個人身份資訊的紅色區域。毋庸置疑，在歐洲營運或在歐洲地區擁有客戶的訂閱企業需要採取措施以實現 GDPR 合乎規範。

那麼，訂閱企業應該怎麼做呢？要明確的是，GDPR 適用於在歐盟擁有訂閱者並且向訂閱者收集個人資料的所有企業。因此，即使是網飛和亞馬遜等訂閱巨頭也必須遵守這一規定。訂閱企業需要詳細列出他們所使用的個人資料，並且重新檢查已經儲存的個人資料，刪除沒有合法儲存依據的資料。此外，訂閱企業還需要確定是否需要設置一個新崗位：資料保護官（Data Protection Officer，DPO）。任何涉及大規模定期資料和系統監控資料的訂閱企業，都需要一名專門

保護資料的資料保護官。資料保護官可以是內部員工，也可以是外部人員。

　　大多數訂閱業務依賴 SaaS 解決方案，因此他們不僅需要確保自己的系統符合要求，而且需要確保他們的所有供應商也是如此，特別是那些可能無法滿足 GDPR 要求的歐盟以外的供應商。此外，訂閱企業需要構建強大的事件回應機制，以確保他們能夠在規定的時間內解決資料洩露問題。

　　訂閱企業在許多細節方面都要根據 GDPR 的要求進行完善。下面列舉一些具體的例子。

　　（1）在徵求使用者的同意時，需要使用者自己手動選擇，不能使用預先勾選的方框來預設使用者同意。如果預先勾選，則訂閱無效，如圖 15-5-1 所示。

圖 15-5-1　手動勾選和自動勾選

　　（2）要讓用戶能夠輕鬆取消訂閱，並清晰地告知用戶如何操作，如圖 15-5-2 所示。

圖 15-5-2　有明確取消訂閱的操作按鈕

訂閱企業發送的每封促銷電子郵件都必須包含取消訂閱的選項。如果訂閱者失去訂閱興趣，這會使取消訂閱變得很容易。

（3）保留用戶同意訂閱的證據。GDPR 不僅給出了如何收集同意訂閱的規則，還要求企業保留相關記錄，這意味著企業必須能夠提供以下證據：

- 誰同意了？
- 什麼時候同意的？
- 用戶在同意時被告知了什麼？
- 用戶是如何同意的？
- 用戶是否已經撤回同意？

例如，如果用戶同意接收一個企業最新產品的更新列表，他會收到一封電子郵件，要求他確認訂閱。如果使用者按一下了電子郵件中的連結，電子郵件服務提供者會記錄該操作。有了這個記錄，訂閱企業就可以查看每名訂閱者的同意時間及他們採用的形式。

GDPR 是訂閱業務數位化轉型的一次重大飛躍。雖然看起來 GDPR 會給訂閱企業帶來很多限制，但其實際上會提高訂閱業務的聲譽，並提高客戶的終身價值，因為它要求更高的透明度。顯然，及時採取行動實現 GDPR 合規的訂閱企業能夠更好地把握訂閱市場增長和發展所帶來的機會。

15.6　自動續訂

自動續訂對訂閱企業和消費者來說是雙贏的。對消費者來說，自動續訂和付款可以節省時間和金錢；對企業來說，這使企業擁有更好的預測結果並能夠提高用戶留存率。自動續訂可以說是訂閱模式的核心流程，非常重要。

BirchBox、eHarmony、Norton LifeLock 等都曾因為自動續訂而捲入了官司。

自推出以來，eHarmony 一直是非常受歡迎的約會網站。加入 eHarmony 是免費的，但為了獲得高級功能，使用者需要升級到付費訂閱。付費訂閱可讓用戶查看誰流覽了自己的個人資料，並且可以無限制地發送消息和照片及聯繫更多匹配的約會物件。

- eHarmony 有三種訂閱模式：
- 6 個月標準訂閱，每月 59.95 美元；

・12 個月標準訂閱，每月 49.95 美元；

・24 個月標準訂閱，每月 39.95 美元。

2018 年，eHarmony 支付了 128 萬美元用於解決消費者的訴訟問題。原因是 eHarmony 沒有充分解釋自動續訂的訂閱費，沒有向客戶提供合同，也沒有說明客戶取消訂閱的權利。對於在 2012 年 3 月 10 日~2016 年 12 月 13 日支付了自動收取的訂閱費的加州客戶，eHarmony 額外支付了 100 萬美元的賠償金。當時的檢察官提出，隨著訂閱業務越來越普遍，消費者需要明確瞭解自己的權利；訂閱企業需要確保客戶明確知道自己所支付的訂閱費用、所擁有的權利及企業收取費用的頻率。

2019 年 4 月，美國聯邦貿易委員會宣佈與舊金山的食品訂閱公司 UrthBox 及其負責人 Behnami 就該公司未能充分披露其「免費試用」的關鍵條款達成和解協定。UrthBox 向美國聯邦貿易委員會支付了 10 萬美元，用於賠償被試用優惠欺騙的消費者。

2016 年 10 月~2017 年 11 月，UrthBox 向消費者提供其零食盒的「免費試用」，象徵性地收取運費和手續費。但是在結帳時，消費者會在不知情的情況下自動訂閱六個月的零食盒，費用從 77 美元到 269 美元不等，除非消費者在該計畫的訂閱日期之前取消。美國聯邦貿易委員會聲稱，UrthBox 違反了《美國聯邦貿易委員會法案》第 5 條，未能披露「免費」零食盒報價的關鍵條款，並且違反了《恢復線上購物者信心法》，未能充分披露其重要條款。

美國加州、哥倫比亞特區、維吉尼亞州和佛蒙特州等多個地方政府已經制定了自動續訂的相關法律。

首先，法律要求在自動續訂的基礎上銷售商品或服務的企業，必須明確披露合同中的自動續訂條款和取消程式。

其次，如果企業給出自動續訂優惠，初始期限為 12 個月或更長時間，自動續期為一個月或更長時間，企業必須在第一年結束時向用戶發送通知，之後每年發送一次，必須通過郵件、電子郵件、短信或手機應用程式等告知使用者。通知必須明確披露：除非用戶取消，否則合同將自動續簽；自動續訂期間的商品或服務的成本；使用者取消服務的最後期限及取消自動續訂的方法步驟。

最後，如果企業向續訂期限為一個月或更長時間的付費訂閱使用者提供免費試用服務，企業必須在試用期結束前 1~7 天通知用戶合同將自動續訂，並且在向

用戶收費之前獲得用戶對自動續訂的確認。即使企業已獲得用戶對免費試用的同意，也必須另外獲得用戶對自動續訂的同意。

各州具體的法律如下。

（1）佛蒙特州。自 2019 年 7 月 1 日起。對於初始期限為一年或一年以上的訂閱或合同，如果續訂期限超過一個月，企業必須明確說明自動續訂條款，並以粗體顯示。更重要的是，佛蒙特州的法律要求企業在獲得消費者同意時，消費者必須肯定地選擇訂閱合同，並且單獨選擇特定的自動續訂條款。企業還必須為消費者提供取消訂閱或合同的簡便方法，並在自動續訂前 30~60 天向消費者發送提醒。

（2）哥倫比亞特區。2019 年 3 月 13 日，哥倫比亞特區的《2018 年自動更新保護法》生效。根據新法律，對於免費試用優惠，企業必須獲得消費者對自動續訂的同意，然後才能和消費者簽訂自動續訂合同。此外，企業必須在免費試用到期前 1~7 天通知消費者自動續訂，必須清楚明確地披露該事實並概述適當的取消程式。對於自動續訂初始期限為一年或一年以上的合同，企業必須在每次續訂前的 30~60 天向消費者發送通知，該通知應清楚明確地說明續訂期限內的商品或服務的費用及取消的截止日期等。

（3）北達科他州。從 2019 年 7 月 31 日開始，企業必須清楚明確地說明自動續訂條款及有關如何取消的資訊（以電子郵件的形式提供，以便能夠被消費者保留）；提供一種經濟有效、及時和簡單的取消訂閱的方式（必須在上述確認中說明）。對於在初始期限之後續訂超過 6 個月的訂閱，企業必須在當前訂閱結束前 30~60 天向消費者發出明確的書面通知。對於自動續訂條款的重大變更，企業必須向消費者提供明確且明顯的重大變更和取消選項的通知。

第16章

七個流程

訂閱企業與其他傳統企業有很多不一樣的地方，背後的運作邏輯是完全不同的。訂閱企業賣出的是與客戶的長期契約，收到的是持續性的現金流。從業務流程、財務體系到支付系統，訂閱企業都有一整套新的東西。

訂閱企業只有賣出一份份訂閱服務才算真正開啟了銷售業務。這意味著，訂閱企業的成功不能用新增訂閱數量、新增訂閱金額等來衡量，而要看訂閱企業能夠留住客戶多久、訂閱者的數量基數有多大、產生的重複性訂閱收入有多少。因此，客戶留存率是衡量一個訂閱企業的最重要指標。如果要打造一個成功的訂閱企業，從一開始就必須圍繞這個指標來構建客戶行銷和溝通策略，培養客戶忠誠度，降低客戶流失率。

訂閱企業需要從頭到尾快速回應客戶的需求。訂閱企業不通過批發商、零售商進行銷售，也不通過天貓、Pc Home 等平台進行銷售，而要直接面向客戶。因此，訂閱企業要儲存客戶資料，要進行客戶溝通，要持續處理客戶的帳單和收支流程。

很多訂閱企業的失敗不是因為模式問題，而是因為他們沒有從一開始就很好地進行全域規劃。下面這 7 個建立訂閱企業的大流程（包含 28 個小步驟）值得創業者借鑒，可以避免很多盲目舉措。

16.1 流程 1：建立訂閱模型

古人云，三思而後行。在開始運作一個訂閱企業之前，我們需要好好思考一下如何設計產品與服務、企業的價值主張是什麼、訂閱服務的價格如何確定、採

用何種支付方式等。

16.1.1　步驟 1：看企業業務是否適合採用訂閱模式

大部分產品或服務都可以用訂閱模式來運作，從音樂、影片、小說到生鮮、化妝品、汽車等。不過，對很多傳統產業來說，很多人並不清楚採用訂閱模式是否合適，也不瞭解應該如何應用。

在 10 年之前，汽車產業的從業人員沒有想到訂閱經濟會和汽車產生交集，後來 Zipcar 的訂閱服務突然出現了，對汽車產業造成了巨大影響。一時之間，汽車的所有權變得不再那麼重要，很多人開始嘗試汽車訂閱服務，隨時可以使用各種汽車。

當然，有一些產品和服務是不適合採用訂閱模式的。所以，在嘗試之前，我們得明確一個問題：我的產品如果採用訂閱模式，是否能更吸引人？

16.1.2　步驟 2：清楚描述訂閱企業的價值主張

一旦你決定開啟一個訂閱服務，就需要清楚地描述價值主張。價值主張就是企業能為客戶帶來的價值，包括能滿足客戶的哪些需求、解決客戶的哪些問題等。

價值主張是非常重要的，價值主張越清晰有力，訂閱企業越可能成功。

Zipcar 的使用者可以隨時以非常方便的方式租用汽車：註冊→支付費用→根據需要訂閱汽車。因此，Zipcar 的價值主張就是，去除擁有汽車的種種煩惱，盡享出行的便利。對很多飽受擁堵、停車難困擾的城市居民來說，這個價值主張非常有吸引力。

英國連鎖電影院 Cineworld 提供每月無限次觀影的訂閱服務，只需要 18.9 英鎊的月費。Cineworld 的價值主張可以描述為「想看多少次電影就看多少次，不用擔心成本」或「電影看得越多越便宜」。

要給出具有吸引力的價值主張，就要先搞清楚訂閱服務能帶給使用者的好處。一般來說，使用者可以從訂閱服務中獲取的益處主要有方便、便宜、省事、驚喜等，如對 Zipcar 的訂閱者來說，方便、便宜、省事是主要的好處。

16.1.3 步驟 3：定義計費方式

訂閱者會如何使用訂閱服務？這會對定價策略產生什麼影響？

對實體產品來說，這非常簡單，使用者消費產品越多，收取的費用就越多。但是對虛擬產品來說，這就有點複雜了。

6 種訂閱計費方式如表 16-1-1 所示。

表 16-1-1　6 種訂閱計費方式

計費方式	具體說明	案　例
產品量	按使用者購買的產品數量計費	Dollar Shave Club
使用量	按用戶的使用次數計費	Zipcar
層級模式	一系列不同的服務包	軟體行業
用戶量	根據使用服務的使用者數量計費	Salesforce
無限	固定費率，內容訪問無限制	網飛、聲田、Cups Tel Aviv
混合	幾種方式混搭	電信企業

具體使用哪種方式，並沒有固定的策略，這取決於企業的業務模式、產品或服務類型，還要考慮企業的目標和戰略。在決定之前，我們至少要考慮兩個重要的方面：一個是成本結構，包括產品或服務的可變成本；另一個是市場競爭，即是否可以取得競爭優勢。

16.1.4 步驟 4：制訂價格策略

怎麼才能在市場競爭中吸引客戶？如何針對不同的細分客戶確定不同的價格範圍？

如果企業同時具有一次性銷售的產品和週期訂閱的產品，那麼就需要考慮兩者定價的關係，這是一種常見的價格策略。例如，報紙既可以單張一次性購買，又可以每月訂閱，那麼一般來說，訂閱相對於單獨購買應具有很大的折扣。

另一種常見的價格策略是將部分產品或服務免費提供，然後就更高級的部分收取增值費用，這就是所謂的「免費增值模式」，Dropbox 就是典型案例。Dropbox 的註冊使用者可以獲取 2G 的免費儲存空間，但是要想獲得更大的儲存空間，就要額外付費。

針對不同的細分人群，可以提供不同的訂閱服務包。電子書訂閱網站 Bookboon 提供兩種不同的服務，一種定位於學生群體，另一種定位於企業，兩種服務提供不同的內容，價格也不一樣。

此外，國際化的訂閱企業還需要考慮不同國家之間的區別。全球統一定價是一種選擇，不過根據不同國家的具體情況確定不同的訂閱費用更為合適。

16.1.5　步驟 5：設計訂閱服務包

這一步的設計基於之前計費方式和價格策略的確定。例如，當採取層級收費模式時，我們需根據層級設計不同的訂閱服務包。

聲田的訂閱服務分為免費和付費兩種。聲田將層級付費和免費增值模式結合在一起，第一層是免費的，目的是吸引更多使用者體驗流媒體音樂服務，將一部分免費使用者轉化成付費用戶。

不管怎麼設計，一定要保持訂閱服務的簡單性，尤其是在企業創立之初。隨著企業的發展，可以逐步增加一些新的訂閱服務內容。

16.1.6　步驟 6：設計訂閱週期

是按月訂閱還是按季度、按年訂閱？是給客戶一個選項還是多個選項？

一般來說，很多創業者喜歡較長的訂閱週期，如 1 年、2 年等。這對企業來說，會有更穩定的業務和更好的現金流；但對客戶來說，這未必是最好的，因為這樣風險很大。客戶需要更高的靈活度，要能隨時取消訂閱，可以掌握自主權。因此，很多成功的訂閱企業都會提供較短的訂閱週期，一般為一個月。

不過，如果訂閱內容的一次性成本太高，就可以選擇較長的訂閱週期。客戶由於只需要支付較低的訂閱費用就可以享受高價值的服務，也會願意接受較長的訂閱週期。

此外，也可以這樣設計：給客戶提供不同的訂閱週期以進行選擇，但是較長的訂閱週期可以享受較大的折扣，從而激勵客戶選擇更長的訂閱週期。

不管如何設計訂閱週期，企業的目標是將客戶終身價值最大化，這要根據創業者的經驗來定了。

16.1.7　步驟 7：設置訂閱價格

在設置訂閱價格時，創業者通常會先考慮如何收費才能獲取利潤，然後計算成本、收益，進而確定價格，這種定價方式稱為「成本加成定價法」。

不過，更好的考慮角度是「明確客戶認為訂閱服務的價值有多大」，然後據此設定訂閱價格，這稱為「目標定價法」。除了考慮客戶的支付意願，還需要考慮競爭者的價格，要比競爭者更具吸引力。

16.1.8　步驟 8：確定支付方式

在國外，客戶一般使用信用卡支付訂閱費用，因為國外信用卡的普及率非常高，在中國，客戶肯定優先考慮支付寶或微信支付等協力廠商支付管道。

不過，對目標使用者是企業或政府等機構的訂閱企業來說，還要支持支票、匯票等傳統企業大額支付方式，還要能夠方便地開具發票。

在某些國家，還需要考慮信用卡、電信扣繳等方式，尤其對於東南亞一些信用卡、移動支付不發達的國家。

16.1.9　步驟 9：明確帳單生成流程和催款流程

如何給客戶發送帳單？何時發送帳單？如果客戶沒有按時付款，如何催款？雖然這些工作很煩瑣，但是非常重要，是訂閱企業必須處理的業務內容。

是提前發送帳單，還是在使用者收到訂閱內容之後再發送帳單？如果提前發送帳單，那麼要在訂閱結束前多少天邀請客戶續訂？客戶是在收到帳單之後就可以享受訂閱服務，還是必須要在支付成功之後才能使用訂閱服務？這些問題都要好好考慮。

如果客戶支付失敗，企業需要確定提醒使用者的時間和方式，以及何時終結訂閱服務。

很多使用信用卡支付的客戶會遇到信用卡過期的問題。信用卡都有失效時間，用戶有時會丟失信用卡或更換信用卡。因此，如果有較多的信用卡支付用戶，企業要事先設置好流程以應對這些狀況。

16.1.10　步驟 10：撰寫訂閱合同條款

訂閱合同條款一般要涵蓋如下內容：服務使用協定、隱私保護條例、支付和發票、取消訂閱的政策及違反合同需要承擔的後果等。

在合同中要給客戶較高的靈活度，客戶可以取消、升級、降級訂閱服務，或暫停訂閱服務。訂閱企業要盡可能地吸引用戶，讓用戶能夠一直訂閱下去。

16.2　流程 2：搭建訂閱系統

在所有事項都規劃好後，我們需要一個完善的訂閱系統來支援業務營運，包括訂閱管理、銷售和支付、行銷推廣等。

16.2.1　步驟 11：利用訂閱管理系統管理產品、使用者和帳單

訂閱管理系統的作用是管理訂閱服務、儲存客戶資料、收支記帳等。

很多企業已經有了 ERP 系統或會計管理系統，用來管理使用者帳單。不過，這些還不夠。傳統的 ERP 系統和會計管理系統沒辦法處理訂閱業務。除非你的業務量很少，可以通過手工記帳，否則一定要配備一個訂閱管理系統。

訂閱管理系統的核心功能有 3 個：創建和管理訂閱服務、輸入和管理客戶資訊、記錄和管理客戶帳單。

怎樣獲取一個訂閱管理系統呢？如果 IT 能力強，可以自己開發；也可以找專業的機構來定制開發或者購買成熟的訂閱管理系統，專業機構有祖睿、Recurly、Spreedly、SaaSy 等。

自己開發系統的好處是系統和業務的匹配度非常高，運作高效，維護起來也方便。不利的一面是成本高，而且不一定能夠緊跟最新的訂閱經濟趨勢。

現成的訂閱管理系統一般採用雲模式，非常便於使用，只要聯網就可以，初期成本也很低，不過要注意系統是否和企業業務相匹配。另外，有些系統會收取訂閱分成，這樣越到後面，成本會越高。

16.2.2　步驟 12：利用購物系統為客戶提供便利

客戶要購買訂閱服務，必須先下單，然後用信用卡或協力廠商支付進行支付，這就需要一個系統來自動處理訂單和支付。Shopify、Magento、Prestashop 等都可以提供這樣的購物系統。

不管使用哪個購物系統，我們必須保證整個支付流程盡可能方便、簡單，這非常重要。因為如果支付環節出問題或者很煩瑣，企業就會丟失很多訂單。必須仔細設計從註冊到支付的流程，然後嚴格地進行測試，確保沒有任何問題。

16.2.3　步驟 13：使用合適的行銷工具來獲取客戶

大部分訂閱管理系統都只提供非常有限的行銷功能，因此一個 CRM 系統或行銷自動化系統就很有必要。

一個成功的訂閱企業，離不開可以同時管理新增訂閱者和已有訂閱者的多層次行銷管道。

市面上已有的行銷工具非常多樣化，有最簡單的郵件行銷系統、可擴展的 CRM 系統，以及高級的客戶關係管理系統等。

16.2.4　步驟 14：將訂閱管理系統和其他系統進行有機整合

在我們選好訂閱管理系統、支付系統、行銷工具後，我們需要將這些系統進行無縫整合，保證資料能夠互通。

如果使用信用卡支付，需要將信用卡支付閘道整合進支付系統。

訂閱管理系統和 ERP 系統之間也需要進行整合，以免需要每天手動導入、匯出訂閱收入資料。

16.3　流程 3：用戶獲取

系統已經搭建好，接下來就該將訂閱服務推向市場了。這時候，我們得有一個用戶獲取策略和計畫，有效地將訂閱服務推廣出去。

16.3.1　步驟 15：制訂客戶獲取策略

客戶獲取是一個持續的過程，一個迴圈流程：制訂策略、實施、評估、改進。

首先，要進行客戶細分和定位。根據客戶的年齡、性別、收入、消費習慣、興趣愛好、生活習慣等，對不同類型的客戶進行細分，然後有針對性地進行行銷推廣。一般要先區分客戶是個人消費者還是機構，個人消費者的決策相對簡單，但機構消費者的決策鏈條長，因此需要完全不同的推廣策略。

其次，思考如何冷開機、如何吸引第一批新使用者、要給潛在客戶提供什麼樣的激勵才能吸引他們嘗試訂閱服務等問題。最理想的情況當然是價值主張非常吸引人，這樣幾乎不需要費什麼力就可以吸引很多新客戶，但在大部分情況下，還是需要提供一些額外的激勵措施的。

最常見的一種方法就是首月免費體驗，這是網飛和聲田等成功訂閱企業已經驗證過的、行之有效的策略。大部分客戶只要在體驗後覺得滿意，就會成為付費訂閱用戶。

16.3.2　步驟 16：開展行銷推廣活動

當開展一項訂閱業務時，首要的工作就是集中時間和資源來獲取新用戶，仔細規劃行銷活動並不斷進行評估。

一個行銷活動要有清晰的目標：在多長時間內獲取多少訂閱用戶、通過哪些行銷管道來接觸用戶，以及獲取每個使用者的成本預算是多少。

根據目標和預算策劃詳細的行銷活動，可以幫助我們弄清楚需要投入哪些資源、評估行銷推廣的總體效果、掌握不同行銷管道的差別。

行銷活動的核心是選擇正確的行銷管道。行銷管道可以是直接的，通過社交媒體、地推等直接接觸客戶；也可以是間接的，通過零售商或分銷商間接接觸客戶。大部分訂閱企業主要依靠直接行銷管道，因為訂閱模式的本質就是跳過中間

環節直接接觸客戶。

直接銷售的方式和手段有很多種，可以通過公司銷售隊伍、郵件、競價排名、電視廣告、社交媒體等。根據產品和客戶的不同，訂閱企業應該選擇不同的推廣方式，然後不斷進行測試以確定最合適的方法。

還有一個容易被忽視的管道——即有客戶。如果能夠激勵即有客戶進行口碑傳播和轉介紹，那麼轉化率將非常高，成本也將非常低。以 Dropbox 為例，現有用戶如果推薦一個新用戶，就可以獲得 500MB 的免費儲存空間，Dropbox 的這個行銷活動非常成功。另外，轉介紹不僅可以帶來新用戶，還可以增強已有客戶的忠誠度。

16.3.3 步驟 17：管理多個行銷管道

同時通過多個行銷管道開展行銷活動，到底哪個行銷管道帶來的用戶多？哪個行銷管道的轉化率高？這時候有必要建立一個行銷管道管理工具，以精確追蹤各管道的行銷情況。小型活動可以利用 Excel 表格，但如果有大規模的行銷活動，最好選擇一個成熟的軟體系統。

不管使用哪種行銷管道，都要在各部門培養行銷意識，構建全員行銷體系。

16.4 流程 4：客戶留存

客戶留存是訂閱企業要考慮的最重要、最關鍵的問題之一，只有擁有高客戶留存率的訂閱企業才能走向成功。

A 企業：每月客戶留存率為 90%，每月新增 1000 份訂閱銷售，一年後總訂閱數是 7200 份。

B 企業：每月客戶留存率為 80%，如果 B 企業要達到與 A 企業同樣的總訂閱數，那麼每月新增訂閱要達到 1550 份。換句話說，由於 10% 的客戶留存率差異，B 企業每月必須多銷售 55% 的訂閱服務才能達到 A 企業的水準。

可見，微小的客戶留存率差異也會產生巨大的影響。因此，訂閱企業必須付出大量的時間和精力來提高客戶留存率。

16.4.1　步驟 18：做好客戶服務

首先，要和客戶進行良好溝通，提供滿意的客戶服務。高品質的客戶服務是建立客戶忠誠度和提高客戶留存率的核心。為訂閱者提供超過預期的客戶體驗可以提高客戶滿意度，從而使訂閱者能夠繼續訂閱。

一個重要的方面就是讓訂閱者可以管理自己的訂閱，如暫停訂閱服務、修改位址、升級或降級服務、取消訂閱等。從本質上來說，訂閱是客戶和公司之間的一個持續性關係。訂閱者需要不時地根據情況來調整自己的訂閱服務。因此，訂閱企業需要給客戶提供改變的自由。

其次，要給訂閱者提供多種溝通方式，如郵件、電話、微信、QQ、LINE、網頁聊天及即時通訊平台等，方便客戶隨時反映問題，而企業要及時處理客戶的回饋。及時回饋非常重要，即使客戶的問題暫時解決不了，也要給客戶一個解釋說明。客戶回饋越及時，使用者的信任度就越高。

大部分客戶反映的問題都是比較容易解決的，但有一些回饋會涉及客戶對產品的不滿和抱怨，企業一定要通過客戶服務妥善解決這些問題。

美國一項對銀行的研究表明，55% 的客戶從沒有抱怨過，其中 89% 的客戶將銀行服務推薦給親朋好友；在剩下的 45% 的客戶中，55% 的人獲得了銀行的正面回饋，91% 的人依然會將銀行服務推薦給親朋好友。這項研究表明，如果企業能夠恰當地處理客戶抱怨，反而會加強客戶忠誠度，同時該研究也表明用戶是很容易產生抱怨的。對訂閱企業來說，這項研究非常具有參考價值和啟發意義。

16.4.2　步驟 19：重視客戶忠誠度管理

在訂閱業務中，提供合適的產品與服務、選擇合理的價格、提供最好的客戶服務等都有助於延長客戶在平台的留存時間。不過，這還遠遠不夠。訂閱企業需要採取更多的措施來提高客戶忠誠度。

簡單來說，客戶忠誠度管理就是通過給客戶提供各種激勵、好處等來提高客戶的忠誠度和滿意度，從而提升客戶的終生價值。航空、零售等行業已經有了非常成熟的客戶忠誠度管理實踐，訂閱企業可以借鑑這些企業的經驗。

有兩種方法可以進行客戶忠誠度管理：積分政策、權益政策。

積分政策類似航空里程、信用卡積分，訂閱用戶每購買或更新一次，就可以

獲得相應積分。積分可以用於購買新產品或者獲取折扣。也可以設計成：客戶消費次數越多、使用時間越長，獲取的積分就越多。以訂閱方式銷售肥皂、香水、美容護膚產品等的訂閱企業 Scenty 就推出了一個這樣的積分計畫，用戶每消費 1 美元就可以獲得 1 個積分。

權益政策則是給用戶提供一些專屬的權利，可以是公司的產品，也可以是和其他企業合作提供的特權。權益政策在報紙行業非常普遍，可以有效地提升訂閱量。英國報紙每日電訊有一個權益政策，就是給訂閱用戶發放一個訂閱者特權卡，持卡者可以獲得很多零售、餐飲等合作夥伴的優惠，還可以加入高爾夫俱樂部、美容俱樂部等。

不管採用哪種客戶忠誠度管理方式，企業都需要給客戶提供一些獨特的、具有吸引力的東西。如果利用積分兌換的物品、專屬權益等不夠特別，就會失去對訂閱用戶的吸引力，從而導致客戶忠誠度管理失敗。

16.4.3 步驟 20：建立客戶對話機制

經常和客戶溝通可以有效地與客戶建立良好的關係。因此，建立客戶對話機制可以加深客戶的參與度，採用郵件、電話、即時通訊平台等管道都可以。不過，現在大部分企業以即時通訊平台為主，例如是微信公眾號、LINE 官方帳號、 FB Messenger 和朋友圈。

首先，訂閱企業要針對新使用者進行特別對話。新使用者不像舊使用者那樣很熟悉訂閱服務，他們可能需要特別的支援和幫助才能更好地開始使用訂閱產品。此外，剛開始的幾個月對於用戶留存非常關鍵。也許你通過免費試用，只用了很短的時間就獲取了新用戶，但要讓新用戶認可並付費訂閱，就必須要讓他們瞭解到訂閱服務的價值。與新用戶的良好溝通可以有效地將免費試用用戶轉化為付費訂閱用戶。

全球領先的 CRM 軟體公司 Salesforce 就打造了一個全面的新使用者歡迎流程。新用戶在註冊並獲取免費試用機會後，會收到附有操作指導影片的一系列郵件，這些影片能幫助新使用者很快熟悉平台的各項功能和特色，推動新用戶向付費用戶的轉化。

接下來，就是和所有客戶持續溝通，告知使用者產品的新特色並給出使用指

南。最簡單的方法就是給所有用戶群發郵件或者在網站、即時通訊平台官方帳號發佈資訊。不過，針對不同客戶進行不同的溝通，效果會更佳。

網飛是世界領先的影音串流媒體平台，非常重視和用戶的溝通。網飛會記錄使用者所有的影片觀看行為，然後根據這些行為記錄，與使用者進行個性化溝通，給不同的用戶推薦其可能喜歡的影視內容。

16.4.4　步驟 21：充分利用社交媒體

音樂串流媒體平台聲田為用戶展現其臉書好友正在聽哪些歌曲，用戶可以將歌單分享給好友。借助社交媒體，聲田加強了用戶黏性。

通過社交媒體與用戶進行溝通是一個培養客戶忠誠度和提高客戶留存率的好方法，因為在某種程度上，購買、消費並不是一種孤立行為，而是一種社交行為。我們都曾想要購買朋友買過的東西、家人推薦的東西。激勵訂閱使用者使用社交媒體分享訂閱服務，可以讓使用者成為企業的宣傳大使。同時，企業利用社交媒體與用戶進行溝通，可以創建一個主題社區，激發社區成員的歸屬感，讓社區成員持續訂閱。

訂閱企業還可以基於訂閱服務打造自己的社交網路，讓訂閱者可以互相溝通交流。Endomondo 是一個專注健身訓練的訂閱平台，所有用戶都可以關注其他用戶的健身計畫，然後發起挑戰。這就把一個人的健身活動變成了一群人的社交活動，一旦用戶成為這個社區的一員，就不會輕易離開。

另外，Endomondo 可以支援用戶用微信、QQ 等社交網路帳號登錄，然後讓好友看到訂閱服務的使用動態。很多訂閱企業經常在社交媒體上發起活動並激勵用戶參與，在社交平台上發佈企業產品資訊，從而激發社交好友對訂閱服務的興趣。

16.5　流程 5：提升單用戶收入

在做好客戶吸引和客戶留存的同時，訂閱企業應想方設法提高每位客戶給公司帶來的收入。

提升單用戶收入一般有兩種方法：追加銷售和交叉銷售。

16.5.1 步驟 22：追加銷售

在你走進麥當勞並點了一份漢堡後，服務員可能會問：「您還要薯條嗎？」這就是追加銷售的方法，即讓客戶消費更多。

如果一家訂閱企業有多個不同價格的訂閱產品，那麼最典型的追加銷售的方法就是讓低價訂閱用戶升級為高價訂閱用戶。以約會網站 Match 為例，這家公司會先賣給客戶一個標準的訂閱服務，但不久後客戶就會發現，如果要使用更多功能，就必須升級到高級訂閱服務。

還有一種方法是，訂閱產品一旦銷售出去，就添加額外的產品或服務，生鮮訂閱企業 Seasons 就是這麼做的。一旦用戶訂閱了一周的蔬菜，那麼 Seasons 幾乎每週都會在使用者的下周訂閱中添加一些額外的優質產品。

16.5.2 步驟 23：交叉銷售

既然客戶已經訂閱了你的產品，建立了長期關係，那麼「順帶」賣給客戶一些其他產品是可行的，這就是交叉銷售。

在刮鬍刀訂閱服務大獲成功後，Dollar Shave Club 決定將產品進行擴展。他們首先增加的產品是刮鬍膏，這和刮鬍刀非常搭配。之後 Dollar Shave Club 又追加了新產品——廁所濕巾。在刮鬍刀的訂閱基礎上，其他產品也獲得了較好的銷售情況。

16.6 流程 6：流失用戶挽回

創建一項訂閱業務，意味著我們要不停地獲取新用戶，而在這個過程中，會不斷地有舊使用者流失，客戶流失是訂閱企業不可避免的一個問題。

很多人可能會疑惑，為什麼要去和那些對產品或服務不滿意的人溝通呢？直接開拓新用戶不是更好嗎？經驗顯示，挽回流失使用者其實是非常有效的策略。畢竟舊使用者對訂閱服務已經有所瞭解，相對於潛在的新用戶，他們更容易轉化成付費用戶，因此獲客成本更低。而且，回歸的舊用戶的終生價值也比新用戶更高。

16.6.1 步驟 24：重新吸引流失用戶

挽回流失使用者需要一系列流程。首先，我們要分析流失客戶的行為，弄清楚他們退訂的原因和潛在的客戶價值；其次，要制訂一個詳細的計畫，明確採取何種措施並給出具體的時間表；最後，對措施進行測試、評估、改進。

需要注意的是，並不是所有的流失用戶都值得挽回。因此，在採取措施之前，我們要對流失用戶進行評估、分類，分清楚哪些是值得挽回的，哪些是不值得挽回的。

流失用戶一般可以分為五類：

（1）主動流失的用戶；

（2）非主動流失的用戶；

（3）被其他服務吸引的使用者；

（4）被競爭對手的補貼吸引的用戶；

（5）不再需要訂閱服務的使用者。

訂閱企業需要搞清楚各種使用者停止訂閱的情形，然後針對不同情形設置不同的客戶挽回流程。

如果用戶正式提出取消訂閱申請，企業就有很好的機會來和用戶溝通，詢問其取消訂閱的原因。如果使用者打電話過來，客服人員需要問清楚情況，然後給出解決方案以留住用戶。如果用戶通過發送郵件提出申請，或自助取消訂閱，則需要立即給客戶致電，想辦法留住用戶。

如果用戶非正式地提出申請，如不付款等，處理起來會麻煩一些。這時候企業要直接聯繫客戶，想辦法化解客戶的抱怨情緒，給用戶提供良好的幫助，從而有效挽回用戶。

在必要的時候，可以考慮利用激勵措施來挽回用戶，不過，這樣做也會鼓勵用戶的不忠誠行為。在大部分情況下，和使用者進行耐心的溝通，解決他們的問題，就足以留下他們。

對訂閱企業來說，良好的用戶留存機制至關重要，高忠誠度和高留存率可以大大增加客戶的終生價值，從而讓訂閱企業盈利。

16.7 流程 7：資料分析

在前面的流程結束後，最後就是對之前流程產生的資料進行持續追蹤和分析，從而不斷改進。

訂閱企業要明確最重要的績效評估指標。首先，需要將訂閱業務整體模型描述清楚，然後設置訂閱績效指標（Subscription Performance Index, SPI）來評估業務營運情況；其次，要設置常規的測量和評估 SPI 的流程；最後，要建立持續改進的企業文化。

16.7.1 步驟 25：對當前的訂閱模式進行視覺化

這一步要將訂閱模型製作成簡單易懂的圖表，用視覺化的形式表達出來。視覺化有助於我們定義清晰的績效指標、製作分析報告，還可以幫助目標客戶和媒體等快速理解訂閱業務。

訂閱模型如圖 16-7-1 所示，我們可以清晰地看到影響訂閱總績效的各種因素。顯然，我們要獲取更多訂閱用戶，就要關注新增客戶，提高免費使用者到付費訂閱用戶的轉化率，盡量降低流失率。

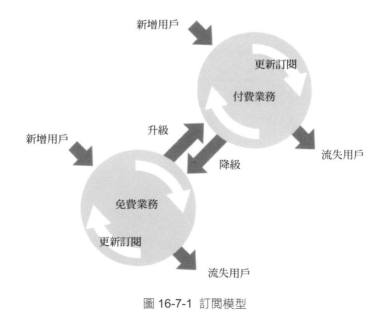

圖 16-7-1 訂閱模型

16.7.2　步驟 26：明確訂閱業務 SPI

SPI 可以幫助我們瞭解哪些行為是有效的、哪些事項是應該優先進行的。SPI 一般包含如下指標。

（1）訂閱用戶總數：這是一個關鍵指標。

（2）單個訂閱用戶的平均收入，也稱為 ARPU（每用戶平均收入 Average Revenue Per User）：一個時間段內訂閱企業從每個用戶那裡得到的收入。

（3）新增訂閱用戶數：一般用來衡量不同行銷管道的行銷效果，或者不同行銷活動的活動效果。

（4）單個用戶獲取成本（Cost Per Acquisition，CPA），有時也用 CPO（Cost Per Order，每單獲取成本）表示。

（5）轉化率：一個訂閱用戶從註冊、試用到付費各階段的轉化比例。

（6）升級率 / 降級率：用戶從當前的層級升級到更高訂閱層級（或降級到更低訂閱層級）的比例。

（7）用戶流失率：在一段時間內離開用戶的數量占用戶總數的比例，這是訂閱企業最重要的指標之一。

（8）客戶終生價值（Customer Lifetime Value，LTV）：結合用戶流失率、ARPU，我們可以測算出一個客戶給企業帶來的總收入。如果訂閱企業要贏利，那麼 LTV 一定要大於 CPA，即從一個客戶身上獲取的收益要大於付出的成本。

這些 SPI 都和訂閱企業相關嗎？是的，所有訂閱企業都需要關注這些指標。不過，具體行業的訂閱企業還要關注其他 SPI。例如，有些企業需要使用淨推薦值指標，計算某個客戶向其他人推薦訂閱服務的指數，以評估使用者轉介紹情況。

16.7.3　步驟 27：持續資料追蹤和分析

根據 SPI，訂閱企業可以從不同部門持續收到各種資料報告，進而可以追蹤績效。

要設置一套績效報告系統。首先，確定報告頻率，有些內容需要按日報告，有些內容需要按周或按月報告。其次，要清楚定義 SPI 的具體標準。例如，一個新增訂閱用戶的加入時間是從支付那天算起，還是從訂閱服務開始的那天算起？

如果一個用戶因為沒有支付而被取消訂閱，但兩天後又重新訂閱了，算不算流失用戶呢？這些問題都需要進行詳細而清晰的定義。最後，我們要選擇一套資料分析工具和系統。如果是小企業，直接用 Excel 就可以了。如果是規模龐大的企業，業務和資料很複雜，那就需要配備一套自動化系統。

16.7.4 步驟 28：不斷改進和優化

企業文化非常重要，再怎麼強調都不過分。之前所有的步驟、流程都需要人來執行，要長久、準確地執行下去，一定要有強大的企業文化，否則很多流程和規則都會流於形式。

要確保不同的 SPI 都有具體的人來負責，給予負責人職責範圍內的權力。

要花大力氣構建持續改進的企業文化。員工總有方法降低獲客成本、提高轉化率、降低客戶流失率、提高收入。企業和員工都必須持續思考如何改善這些指標及改進工作流程，不斷測試新方法。

16.8 小結

按照上面的 7 大流程來打造訂閱企業，雖然不能保證一定成功，但成功的概率會大大提高。

所謂「不打無準備之仗，不打無把握之仗」，如果要創立一家訂閱企業，必須事先做好周全的策劃與準備，對營運各環節有清晰的認知。

當然，這並不意味著要嚴格按照這些流程來操作，那就太死板了。不同的企業有不同的情況，必須具體問題具體分析。但這 7 大流程中涉及的訂閱收費策略、訂閱系統的搭建、使用者獲取和用戶留存技巧、提高收入的方法等，都是值得創業者思考和借鑑的問題。

有了這些參考，訂閱創業者的成功概率將大大提高。

國家圖書館出版品預行編目（CIP）資料

訂閱經濟：一場商業模式的全新變革 / 安福雙編著 . -- 初版 . -- 臺北市：墨刻出版股份有限公司出版：英屬蓋曼群島商家庭傳媒股份有限公司城邦分公司發行 , 2021.08

面；　公分

ISBN 978-986-289-597-9(平裝)

1. 商業管理 2. 網路行銷 3. 電子商務 4. 個案研究

494.1　　　　　　　　　　　　　　　　　　110010733

訂閱經濟：一場商業模式的全新變革

作　　　　者	安福雙
責 任 編 輯	饒夙慧
圖 書 設 計	袁宜如

社　　　　長	饒素芬
事業群總經理	李淑霞
發 　行　 人	何飛鵬
出 版 公 司	墨刻出版股份有限公司
地　　　　址	台北市民生東路 2 段 141 號 9 樓
電　　　　話	886-2-25007008
傳　　　　真	886-2-25007796
E M A I L	service@sportsplanetmag.com
網　　　　址	www.sportsplanetmag.com

發　　　行	英屬蓋曼群島商家庭傳媒股份有限公司城邦分公司
	地址：104 台北市民生東路 2 段 141 號 2 樓
	讀者服務電話：0800-020-299
	讀者服務傳真：02-2517-0999
	讀者服務信箱：csc@cite.com.tw
	劃撥帳號：19833516
	戶名：英屬蓋曼群島商家庭傳媒股份有限公司城邦分公司

香 港 發 行	城邦（香港）出版集團有限公司
	地址：香港灣仔駱克道 193 號東超商業中心 1 樓
	電話：852-2508-6231
	傳真：852-2578-9337
馬 新 發 行	城邦（馬新）出版集團有限公司
	地址：41,Jalan Radin Anum, Bandar Baru Sri Petaling, 57000 Kuala Lumpur, Malaysia
	電話：603-90578822
	傳真：603-90576622

經 　銷 　商	聯合發行股份有限公司（電話：886-2-29178022）、金世盟實業股份有限公司
製　　　版	漾格科技股份有限公司
印　　　刷	漾格科技股份有限公司
城 邦 書 號	LSP014

ISBN　978-986-289-597-9（平裝）
EISBN　9789862896105（EPUB）
定價 450 元
2021 年 8 月初版